U0160223

After Effects CC 2019
标准培训教程

数字艺术教育研究室　编著

人民邮电出版社

北　京

图书在版编目（CIP）数据

After Effects CC 2019标准培训教程 / 数字艺术教
育研究室编著. -- 北京：人民邮电出版社，2022.3
ISBN 978-7-115-57224-0

Ⅰ. ①A… Ⅱ. ①数… Ⅲ. ①图像处理软件—教材
Ⅳ. ①TP391.413

中国版本图书馆CIP数据核字(2021)第195152号

内 容 提 要

本书全面系统地介绍了 After Effects CC 2019 的基本操作方法和影视后期制作技巧，包括 After Effects 入门知识、应用图层、制作蒙版动画、应用时间轴制作特效、创建文字、应用效果、跟踪与表达式、抠像、添加声音特效、制作三维合成特效、渲染与输出及案例实训等内容。

本书以课堂案例为主线，通过对各案例实际操作的讲解，帮助读者快速熟悉软件功能和影视后期制作思路。书中的软件功能解析部分，可以使读者深入学习软件功能和影视后期制作技巧；课堂练习和课后习题，可以拓展读者的实际应用能力；案例实训，可以帮助读者快速掌握影视后期的设计理念，使读者顺利达到实战水平。

本书附带学习资源，内容包括书中所有案例的素材、效果文件及在线视频，读者可通过在线方式获取这些资源，具体方法请参看本书前言。

本书适合作为院校和培训机构艺术专业课程的教材，也可作为 After Effects 自学人士的参考用书。

◆ 编　　著　数字艺术教育研究室
　　责任编辑　李　东
　　责任印制　马振武

◆ 人民邮电出版社出版发行　　北京市丰台区成寿寺路 11 号
　　邮编　100164　电子邮件　315@ptpress.com.cn
　　网址　https://www.ptpress.com.cn
　　北京瑞禾彩色印刷有限公司印刷

◆ 开本：700×1000　1/16
　　印张：14　　　　　　　　　2022 年 3 月第 1 版
　　字数：327 千字　　　　　　2022 年 3 月北京第 1 次印刷

定价：69.90 元

读者服务热线：(010)81055410　印装质量热线：(010)81055316
反盗版热线：(010)81055315
广告经营许可证：京东市监广登字 20170147 号

前　言

  After Effects是Adobe公司开发的影视后期制作软件，它功能强大、易学易用，深受广大影视制作爱好者和影视后期设计师的喜爱，已经成为这一领域非常流行的软件。目前，我国很多院校的数字媒体艺术类专业都将After Effects作为一门重要的专业课程。为了帮助院校的教师全面、系统地讲授这门课程，也为了帮助读者熟练地使用After Effects进行影视后期制作，数字艺术教育研究室组织院校中从事After Effects教学的教师和专业影视制作公司经验丰富的设计师共同编写了本书。

  我们对本书的编写体例做了精心的设计，按照"课堂案例—软件功能解析—课堂练习—课后习题"这一思路进行编排，力求通过课堂案例演练，使读者快速熟悉软件功能和影视后期制作思路；通过软件功能解析，使读者深入学习软件功能和使用技巧；通过课堂练习和课后习题，拓展读者的实际应用能力。在内容编写方面，我们力求细致全面、突出重点；在文字叙述方面，我们注意言简意赅、通俗易懂；在案例选取方面，我们注重案例的针对性和实用性。

  本书附带学习资源，内容包括书中所有案例的素材及效果文件。读者在学习时，可以调用这些资源进行深入练习。这些学习资源均可在线获取，扫描"资源获取"二维码，关注"数艺设"的微信公众号，即可得到资源文件获取方式，并且可以通过该方式获得在线视频的观看地址。另外，购买本书作为授课教材的教师也可以通过该方式获得教师专享资源，其中包括教学大纲、电子教案、PPT课件，以及课堂案例、课堂练习和课后习题的教学视频等。如需资源获取技术支持，请致函szys@ptpress.com.cn。本书的参考学时为64学时，其中实训环节为26学时，各章的参考学时可以参见下面的学时分配表。

资源获取

章　序	课程内容	学 时 分 配	
		讲　授	实　训
第1章	After Effects入门知识	2	
第2章	图层的应用	4	2
第3章	制作蒙版动画	4	2
第4章	应用时间轴制作特效	4	2
第5章	创建文字	2	2
第6章	应用效果	4	2
第7章	跟踪与表达式	2	2
第8章	抠像	2	2
第9章	添加声音特效	4	2
第10章	制作三维合成特效	4	2
第11章	渲染与输出	2	
第12章	案例实训	4	8
学 时 总 计		38	26

  由于时间仓促，编者水平有限，书中难免存在不足之处，敬请广大读者批评指正。

编　者

2021年10月

资源与支持

本书由"数艺设"出品，"数艺设"社区平台（www.shuyishe.com）为您提供后续服务。

学习资源

所有案例的素材、效果文件和在线视频

教师专享资源

教学大纲

电子教案

PPT课件

教学视频

资源获取请扫码

"数艺设"社区平台，为艺术设计从业者提供专业的教育产品。

与我们联系

我们的联系邮箱是 szys@ptpress.com.cn。如果您对本书有任何疑问或建议，请您发邮件给我们，并请在邮件标题中注明本书书名及ISBN，以便我们更高效地做出反馈。

如果您有兴趣出版图书、录制教学课程，或者参与技术审校等工作，可以发邮件给我们。如果学校、培训机构或企业想批量购买本书或"数艺设"出版的其他图书，也可以发邮件联系我们。

如果您在网上发现针对"数艺设"出品图书的各种形式的盗版行为，包括对图书全部或部分内容的非授权传播，请您将怀疑有侵权行为的链接通过邮件发给我们。您的这一举动是对作者权益的保护，也是我们持续为您提供有价值的内容的动力之源。

关于"数艺设"

人民邮电出版社有限公司旗下品牌"数艺设"，专注于专业艺术设计类图书出版，为艺术设计从业者提供专业的图书、视频电子书、课程等教育产品。出版领域涉及平面、三维、影视、摄影与后期等数字艺术门类，字体设计、品牌设计、色彩设计等设计理论与应用门类，UI设计、电商设计、新媒体设计、游戏设计、交互设计、原型设计等互联网设计门类，环艺设计手绘、插画设计手绘、工业设计手绘等设计手绘门类。更多服务请访问"数艺设"社区平台www.shuyishe.com。我们将提供及时、准确、专业的学习服务。

目　录

第 **1** 章

After Effects入门知识

本章简介

　　本章将对After Effects CC 2019的工作界面、软件相关的基础知识、文件格式、视频输出和视频参数设置进行详细讲解。通过对本章的学习，读者可以快速了解并掌握After Effects的入门知识，为后面的学习打下坚实的基础。

课堂学习目标

◆ 熟悉After Effects CC 2019的工作界面

◆ 了解软件相关的基础知识

◆ 了解文件格式及视频的输出

技能目标

◆ 熟练掌握软件相关基础知识

◆ 熟练掌握常用图形图像文件格式

◆ 熟练掌握常用音频与视频压缩编码格式

1.1　After Effects的工作界面

After Effects允许用户自定义工作区的布局，用户可以根据工作的需要移动和重新组合工作区中的工具箱和面板，下面将简要介绍菜单栏和常用工作面板。

1.1.1　菜单栏

菜单栏几乎是所有软件都有的重要界面要素之一，它包含了软件全部功能的命令操作。After Effects CC 2019提供了9项菜单，分别为文件、编辑、合成、图层、效果、动画、视图、窗口和帮助，如图1-1所示。

图1-1

1.1.2　"项目"面板

导入After Effects CC 2019中的所有文件、创建的所有合成文件、图层等，都可以在"项目"面板中找到，并可以清楚地看到每个文件的类型、大小、文件路径、媒体持续时间等。当选中某一个文件时，可以在"项目"面板的上部查看对应的缩略图和属性，如图1-2所示。

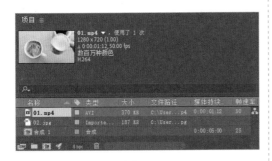

图1-2

1.1.3　"工具"面板

"工具"面板中包括经常使用的工具，有些工具按钮的右下角带有三角标记，表示这些工具含有多重工具选项。例如，在矩形工具■上

按住鼠标左键不放，即可展开新的工具选项，拖曳鼠标可选择具体的工具。

工具栏中的工具如图1-3所示，分别为选取工具▶、手形工具✋、缩放工具🔍、旋转工具↻、统一摄像机工具📷、向后平移（锚点）工具✛、矩形工具■、钢笔工具✒、横排文字工具T、画笔工具🖊、仿制图章工具🖈、橡皮擦工具◆、Roto笔刷工具🖌、自由位置定位工具↗，本地轴模式工具🧍、世界轴模式工具🧍和视图轴模式工具🗗。

图1-3

1.1.4　"合成"预览面板

"合成"预览面板可直接显示出素材组合特效处理后的合成画面。该面板不仅具有预览功能，还具有控制和管理素材、缩放面板比例、当前时间、分辨率、图层线框、3D视图模式和标尺等操作功能，是After Effects CC 2019中非常重要的工作面板，如图1-4所示。

图1-4

1.1.5 "时间轴"面板

"时间轴"面板可以精确设置合成中各种素材的位置、时间、特效和属性等，可以进行影片的合成，还可以进行图层的顺序调整和关键帧动画的操作，如图1-5所示。

图1-5

1.2 软件相关的基础知识

在常见的影视制作中，素材的输入和输出格式设置不统一，视频标准的多样化，都会导致视频产生变形、抖动等错误，还会导致视频分辨率和像素比发生变化。这些都是在视频制作前需要了解清楚的。

1.2.1 像素比

不同规格的显示设备像素的长宽比是不一样的。在计算机中播放时，使用方形像素比；在电视机上播放时，使用D1/DV PAL（1.09）的像素比，以保证在实际播放时画面不变形。

选择"合成 > 新建合成"命令，在打开的对话框中设置相应的像素比，如图1-6所示。

图1-6

选择"项目"面板中的视频素材，选择"文件 > 解释素材 > 主要"命令，打开如图1-7

所示的对话框，在这里可以对导入的素材进行设置，其中可以设置透明度、帧速率、场和像素比等。

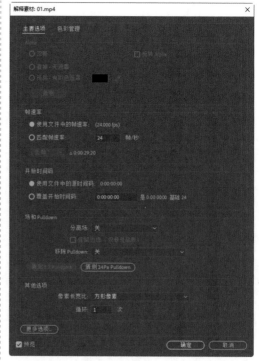

图1-7

1.2.2 分辨率

普通电视和DVD的分辨率是720像素×576像素。软件设置时应尽量使用同一尺寸，以保证分辨率的统一。

分辨率过大的图像在制作时会占用大量时间和计算机资源，分辨率过小的图像播放时会不够清晰。

选择"合成 > 新建合成"命令，或按Ctrl+N组合键，在弹出的对话框中进行设置，如图1-8所示。

图1-8

1.2.3 帧速率

PAL制式电视的播放设备每秒可以播放25幅画面，也就是每秒25帧，只有使用正确的播放帧速率，才能流畅地播放动画。过高的帧速率会导致资源浪费，过低的帧速率会使画面播放不流畅，从而产生抖动。

选择"文件 > 项目设置"命令，或按Ctrl+Alt+Shift+K组合键，在弹出的对话框中设置帧速率，如图1-9所示。

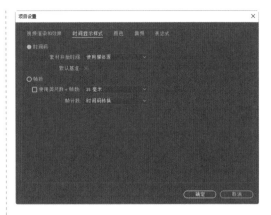

图1-9

> **提示**
>
> 这里设置的是时间轴的显示方式。如果要按帧制作动画，可以选择帧方式显示，这样不会影响最终的动画帧速率。

也可选择"合成 > 新建合成"命令，在弹出的对话框中设置帧速率，如图1-10所示。

图1-10

选择"项目"面板中的视频素材，选择"文件 > 解释素材 > 主要"命令，在弹出的对话框中可以修改帧速率，如图1-11所示。

图1-11

🔍 **提示**

如果是动画序列，需要将帧速率设置为25帧/s；如果是动画文件，则不需要修改帧速率，因为动画文件会自动包括帧速率信息，并且会被After Effects识别，如果修改帧速率，就会改变原有动画的播放速度。

1.2.4 安全框

安全框是画面可以被用户看到的范围。"安全框"以外的部分电视设备将不会显示，"安全框"以内的部分可以保证被完全显示。

单击"选择网格和参考线选项"按钮 🔳，在弹出的菜单中选择"标题/动作安全"选项，即可打开安全框参考可视范围，如图1-12所示。

图1-12

1.2.5 场

场是隔行扫描的产物，扫描一帧画面时由上到下扫描，先扫描奇数行，再扫描偶数行，两次扫描完成一幅图像。由上到下扫描一次叫作一个场，一幅画面需要两个场扫描来完成。如果每秒播放25帧画面，则需要由上到下扫描50次，也就是每个场间隔1/50s。如果制作奇数行和偶数行间隔1/50s的有场图像，就可以在隔行扫描的每秒播放25帧的电视机上显示50幅画面。画面多了自然流畅，跳动的效果就会减弱，但是场会加重图像锯齿。

要在After Effects中将有场的文件导入，可以选择"文件 > 解释素材 > 主要"命令，在弹出的对话框中进行设置即可，如图1-13所示。

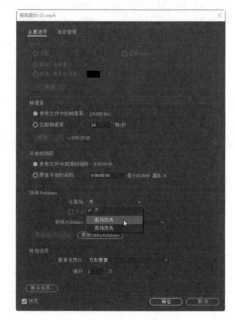

图1-13

🔍 **提示**

这个步骤叫作"分离场"。如果选择"高场优先"，并且在制作中加入了后期效果，那么在最终渲染输出的时候，输出文件必须带场，才能将"低场"加入后期效果，否则"低场"就会自动丢弃。

在After Effects中输出有场的文件的方法如下。

按Ctrl+M组合键，弹出"渲染队列"面板，单击"最佳设置"按钮，在弹出的"渲染设置"对话框的"场渲染"下拉列表中选择输出场的方式，如图1-14所示。

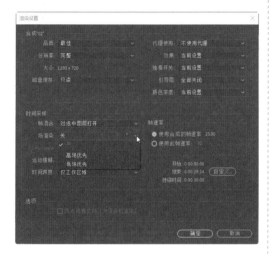

图1-14

如果使用这种方法生成动画，在电视机上播放时会出现因为场错误而导致的问题，这说明素材使用的是下场，需要选择动画素材后按Ctrl+F组合键，在弹出的对话框中选择下场。

如果画面出现跳格现象，是因为30帧转换25帧的过程中产生了帧丢失，需要选择3:2 Pulldown的场偏移方式。

1.2.6 运动模糊

运动模糊会产生拖尾效果，使每帧画面更接近，以减少每帧之间因为画面差距大而引起的闪烁或抖动，但这要牺牲图像的清晰度。

按Ctrl+M组合键，弹出"渲染队列"面板，单击"最佳设置"按钮，在弹出的"渲染设置"对话框中进行运动模糊设置，如图1-15所示。

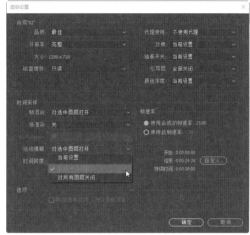

图1-15

1.2.7 帧混合

帧混合是用来消除画面轻微抖动的方法，有场的素材也可以用来抗锯齿，但效果有限。After Effects中的帧混合设置如图1-16所示。

按Ctrl+M组合键，弹出"渲染队列"面板，单击"最佳设置"按钮，在弹出的"渲染设置"对话框中设置帧混合参数，如图1-17所示。

图1-16

图1-17

1.2.8 抗锯齿

锯齿的出现会使图像看起来很粗糙，不精细。提高图像质量是解决锯齿的主要方法，但有场的图像需要通过添加运动模糊、牺牲清晰度来抗锯齿。

按Ctrl+M组合键，弹出"渲染队列"面板，单击"最佳设置"按钮，在弹出的"渲染设置"对话框中设置抗锯齿参数，如图1-18所示。

如果是矢量图像，可以单击■按钮，一帧一帧地对矢量重新计算分辨率，如图1-19所示。

设置抗锯齿参数

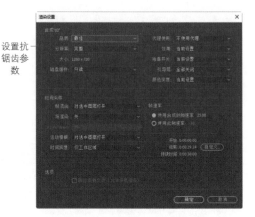

图1-18

图1-19

1.3 文件格式及视频的输出

After Effects中有图形图像文件格式、常用视频压缩编码格式、常用音频压缩编码格式等多种文件格式。另外，在对视频进行输出时，需要按照视频输出要求对其进行一定的设置。

1.3.1 常用图形图像文件格式

1. GIF格式

GIF是CompuServe公司开发的存储8位图像的文件格式，支持图像的透明背景，采用无失真压缩技术，多用于网页制作和网络传输。

2. JPEG格式

JPEG格式采用的是静止图像压缩编码技术，是目前网络上应用较广的图像格式，支持不同程度的压缩比。

3. BMP格式

BMP格式最初是Windows操作系统的画笔所使用的图像格式，现在已经被多种图形图像处理软件所支持和使用。它是位图格式，有单色位图、16色位图、256色位图、24位真彩色位图等。

4. PSD格式

PSD格式是Adobe公司开发的图像处理软件Photoshop所使用的图像格式，它能保留Photoshop制作流程中各图层的图像信息，越来越多的图像处理软件开始支持这种文件格式。

5. FLM格式

FLM格式是Premiere输出的一种图像格式。Adobe Premiere将视频片段输出成序列帧图像，每帧的左下角为时间编码，以SMPTE时间编码标准显示，右下角为帧编号，可以在Photoshop软件中对其进行处理。

6. TGA格式

TGA格式属于一种图形、图像数据的通用格式，在多媒体领域有着很大影响，是计算机生成图像向电视转换的首选格式。

7. TIFF格式

TIFF格式是Aldus和Microsoft公司为扫描仪和台式计算机出版软件开发的图像文件格式。它定义了黑白图像、灰度图像和彩色图像的存储格式，格式可长可短，与操作系统平台及软件无关，扩展性好。

8. DXF格式

DXF是一种用于Macintosh Quick Draw图片的格式。

9. PIC格式

PIC是一种用于Macintosh Quick Draw图片的格式。

10. PCX格式

PCX是ZSoft公司为存储画笔软件生成的图像而建立的图像文件格式，是位图文件的标准格式，也是一种基于PC绘图程序的专用格式。

11. EPS格式

EPS格式包含矢量图和位图，几乎支持所有的图形和页面排版程序。EPS格式用于在应用程序间传输PostScript语言图稿。在Photoshop中打开其他程序创建的包含矢量图的EPS文件时，Photoshop会对此文件进行栅格化，将矢量图转换为像素。EPS格式支持多种颜色模式，还支持剪贴路径，但不支持Alpha通道。

12. SGI格式

SGI输出的是基于SGI平台的文件格式，可以用于After Effects与其他SGI上的高端产品间的文件交换。

13. RLA/RPF格式

RLA/RPF是一种可以包括3D信息的文件格式，通常用于三维软件在特效合成软件中的后期合成。该格式中可以包括对象的ID信息、z轴信息、法线信息等。RPF相对于RLA来说，可以包含更多的信息，是一种较先进的文件格式。

1.3.2　常用视频压缩编码格式

1. AVI格式

AVI格式即音频视频交错格式，所谓"音频视频交错"就是可以将视频和音频交织在一起进行同步播放。这种视频格式的优缺点是：图像质量好，可以跨多个平台使用；但是体积过于庞大，压缩标准不统一，因此经常会遇到一些问题，如高版本Windows媒体播放器播放不了采用早期编码的AVI格式视频，而低版本Windows媒体播放器又播放不了采用最新编码的AVI视频。

2. DV-AVI格式

目前非常流行的数码摄像机就是使用DV-AVI格式记录视频数据的。它可以通过计算机的IEEE 1394端口传输视频数据到计算机，也可以将计算机中编辑好的视频数据回录到数码摄像机中。这种视频格式的文件扩展名一般也是.avi，所以人们习惯上叫它DV-AVI格式。

3. MPEG格式

常见的VCD、SVCD、DVD使用的就是MPEG格式。MPEG格式是运动图像的压缩算法的国际标准，它采用了有损压缩方法，从而减少了运动图像中的冗余信息。MPEG的压缩方法说得更加深入一点就是保留相邻两幅画面绝大多数相同的部分，而把后续图像和前面图像中冗余的部分去除，从而达到压缩的目的。目前MPEG格式有3个压缩标准，分别是MPEG-1、MPEG-2和MPEG-4。

MPEG-1：它是针对1.5Mbit/s以下数据传输率的数字存储媒体运动图像及其伴音编码而设计的国际标准，也就是通常所见到的VCD格式。这种视频格式的扩展名包括.mpg、.mlv、.mpe、.mpeg及VCD光盘中的.dat等。

MPEG-2：它是为了提高高级工业标准的图像质量及传输率而设计的。这种格式主要应用在DVD/SCVD的制作（压缩）方面，同时在一些HDTV（高清晰电视广播）和一些高要求的视频编辑方面也有相当多的应用。这种视频格式的文件扩展名包括.mpg、.mlv、.mpe、.mpeg、.m2v及DVD光盘中的.vob等。

MPEG-4：MPEG-4是为了播放流式媒体的高质量视频而专门设计的，它可以利用很窄的带宽，通过帧重建技术压缩和传输数据，以求使用最少的数据获得最佳的图像质量。MPEG-4最有吸引力的地方是它能够保存接近于DVD画质的小体积视频文件。这种视频格式的文件扩展名包括.asf、.mov、.DivX和.AVI等。

4. H.264格式

H.264是由ISO/IEC与ITU-T组成的联合视频组（JVI）制定的新一代视频压缩编码标准。在ISO/IEC中该标准命名为AVC（Advanced Video Coding），作为MPEG-4标准的第10个选项，在ITU-T中正式命名为H.264标准。

H.264和H.261、H.263一样，也是采用DCT变换编码加DPCM的差分编码，即混合编码结构。同时，H.264在混合编码的框架下引入新的编辑方式，提高了编辑效率，更贴近实际应用。

H.264没有烦琐的选项，而且具有比H.263++更好的压缩性能，又具有适应多种信道的能力。

H.264应用广泛，可满足不同速率、不同场合的视频应用，具有良好的抗误码和抗丢包的处理能力。

H.264的基本系统无须使用版权，具有开放的性质，能很好地适应IP和无线网络的使用环境，这对目前在互联网中传输多媒体信息、在移动互联网中传输宽带信息等都具有重要意义。

H.264标准使运动图像压缩技术上升到了一个更高的阶段，在较低带宽上提供高质量的图像传输是H.264的应用亮点。

5. DivX格式

这是由MPEG-4衍生出的另一种视频编码（压缩）标准，也就是通常所说的DVDrip格式，它采用了MPEG-4的压缩算法，同时综合了MPEG-4与MP3各方面的技术，也就是使用DivX压缩技术对DVD盘片的视频图像进行高质量压缩，同时用MP3和AC3对音频进行压缩，然后将视频与音频合成并加上相应的外挂字幕文件而形成的视频格式。

6. MOV格式

MOV格式默认的播放器是苹果的Quick Time Player。它具有较高的压缩率和较完美的视频清晰度等特点，但是其最大的特点还是跨平台性，即不仅支持Mac OS，同时也支持Windows系列。

7. ASF格式

ASF是微软公司为了和Real Player竞争而推出的一种视频格式，用户可以直接使用Windows Media Player对该格式的视频进行播放。由于它使用了MPEG-4的压缩算法，所以压缩率和图像的质量都很不错。

8. RM格式

Networks公司所制定的音频视频压缩规范，称为Real Media，用户可以使用RealPlayer和Real One Player对符合Real Media技术规范的网络音频/视频资源进行实时播放，并且Real Media还可以根据不同的网格传输速率制定出不同的压缩比率，从而实现在低速率的网络上进行影像数据实时传送和播放。这种格式的另一个特点是用户使用RealPlayer或Real One Player播放器可以在不下载音频/视频内容的条件下实现在线播放。

9. RMVB格式

这是一种由RM视频格式升级延伸出的新视频格式。RMVB格式的先进之处在于它打破了原RM格式那种平均压缩采样的方式，在保证平均压缩比的基础上合理利用带宽资源，即静止和动作场面少的画面场景采用较低的编码速率，这样可以留出更多的带宽空间，而这些带宽会在出现快速运动的画面场景时被利用。这样在保证静止画面质量的前提下大幅提高了运动图像的画面质量，从而使图像质量和文件大小之间达到了一定的平衡。

1.3.3 常用音频压缩编码格式

1. CD格式

当今音质较好的音频格式是CD。在大多数播放软件的"打开文件类型"中，都可以看到*.cda文件，这就是CD音轨。标准CD格式的采样频率是44.1kHz，速率是88kbit/s，量化位数是16位。CD音轨可以说是近似无损的，因此它的声音非常接近原声。

CD光盘可以在CD唱片机中播放，也能用计算机里的各种播放软件来播放。一个CD音频文件对应一个*.cda文件，这只是一个索引信息文件，并不真正包含声音信息，所以不论CD音乐有多长，在计算机上看到的*.cda文件都是44字节长。

> 🔍 提示
> CD格式的.cda文件不能直接复制到硬盘上播放，需要使用像EAC这样的抓音轨软件把CD格式的文件转换成WAV格式，如果光盘驱动器质量过关而且EAC的参数设置得当，可以说是基本上无损抓音频，推荐读者使用这种方法。

2. WAV格式

WAV是微软公司开发的一种声音文件格式，它符合RIFF（Resource Interchange File Format）规范，用于保存Windows平台的音频资源，被Windows平台及其应用程序所支持。WAV格式支持MSADPCM、CCITT ALAW等多种压缩算法，支持多种音频位数、采样频率和声道。标准WAV格式和CD格式一样，采样频率也是44.1kHz，速率是88 kbit/s，量化位数是16位。

3. MP3格式

MP3格式诞生于20世纪80年代的德国。MP3是MPEG标准中的音频部分，也就是MPEG音频层。根据压缩质量和编码处理的不同分为3层，分别对应*.mp1、*.mp2、*.mp3这3种声音文件。

> 🔍 提示
> MPEG音频文件的压缩是一种有损压缩，MPEG3音频编码具有1:10~1:12的高压缩比，同时基本保持低音频部分不失真，但是牺牲了声音文件中12~16kHz高音频部分的质量来换文件的尺寸。

相同长度的音乐文件，如果用MP3格式来存储，一般只有WAV格式文件的1/10，而音质仅次于CD格式或WAV格式的声音文件。

4. MIDI格式

MIDI文件格式由MIDI继承而来，它允许数字合成器和其他设备交换数据。MIDI文件并不是一段录制好的声音，而是记录声音的信息，然后告诉声卡如何再现音乐的一组指令。这样一个MIDI文件每存1min的音乐只用5~10KB。

MIDI文件主要用于原始乐器作品、流行歌曲的业余表演、游戏音轨及电子贺卡等。*.mid文件重放的效果完全依赖声卡的品质。*.mid格式主要用于计算机作曲领域。*.mid文件可以用作曲软件写出，也可以通过声卡的MIDI接口把外接乐器演奏的乐曲输入计算机里，制作成*.mid文件。

5. WMA格式

WMA格式音频的音质要强于MP3格式，它是以减少数据流量但保持音质的方法来达到比MP3压缩比更高的目的，WMA的压缩比一般都可以达到1:18左右。

WMA格式的另一个优点是内容提供商可以通过DRM（Digital Rights Management）方案，如Windows Media Rights Manager 7加入防拷贝保护。这种内置的版权保护技术可以限制播放时间和播放次数甚至播放的机器等，这对被盗版搅得焦头烂额的音乐公司来说是一个福音。另外，WMA还支持音频流（Stream）技术，适合在网络上在线播放。

WMA格式在录制时可以对音质进行调节。同一格式，音质好的可与CD格式媲美，压缩率较高的可用于网络广播。

1.3.4 视频输出的设置

按Ctrl+M组合键，弹出"渲染队列"面板，单击"输出组件"选项右侧的"无损"按钮，弹出"输出模块设置"对话框，在这个对话框中可以对视频的输出格式及其相应的编码方式、视频大小、比例及音频等进行设置，如图1-20所示。

格式：在文件格式下拉列表中可以选择输出格式和输出图序列，一般使用TGA格式的序列文件，输出样品成片可以使用AVI和MOV格式，输出贴图可以使用TIF和PIC格式。

格式选项：输出图片序列时，可以选择输出的颜色位数；输出影片时，可以设置压缩方式和压缩比。

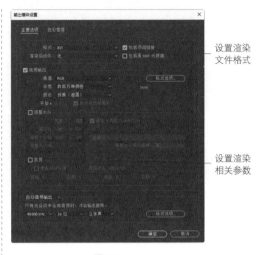

设置渲染文件格式

设置渲染相关参数

图1-20

1.3.5 视频文件的打包设置

一些影视合成或者编辑软件中用到的素材可能分布在硬盘的各个地方，从而在另外的设备上打开工程文件时会遇到部分文件丢失的情况。如果要一个一个地把素材找出来并复制显然很麻烦，而使用"打包"命令可以自动把文件收集在一个目录中打包。

这里主要介绍After Effects的打包功能。选择"文件 > 整理工程（文件）> 收集文件"命令，在弹出的对话框中单击"收集"按钮，如图1-21所示，可以完成打包操作。

图1-21

第 2 章

图层的应用

本章简介

　　本章将对After Effects中图层的应用与操作进行详细讲解。通过对本章的学习，读者可以充分理解图层的概念，并能够掌握图层的基本操作方法和使用技巧。

课堂学习目标

◆ 理解图层的概念
◆ 掌握图层的基本操作方法
◆ 掌握图层的5个基本变化属性和关键帧动画

技能目标

◆ 掌握"飞舞组合字"的制作方法
◆ 掌握"空中飞机"的制作方法

2.1 图层的概念

在After Effects中，无论是创作合成动画，还是进行特效处理等操作，都离不开图层，因此制作动态影像的第一步就是真正了解并掌握图层。"时间轴"面板中的素材是以图层的方式按照上下位置关系依次进行排列的，如图2-1所示。

图2-1

可以将After Effects软件中的图层想象为一层层叠放的透明胶片，上一层有内容的地方将遮盖住下一层的内容，而上一层没有内容的地方则露出下一层的内容，如果上一层的部分处于半透明状态，将依据半透明程度混合显示下层内容，这是图层之间最基本的关系。图层与图层之间还存在更复杂的合成组合关系，如叠加模式、蒙版合成方式等。

2.2 图层的基本操作

我们可以对图层进行多种操作，如改变图层的顺序、复制图层与替换图层、给图层加标记、让图层自动适合合成图像的尺寸、对齐图层和自动分布图层等。

2.2.1 课堂案例——飞舞组合字

案例学习目标：学习使用文字的动画控制器来实现丰富多彩的文字特效动画。

案例知识要点：使用"导入"命令，导入文件；新建合成并命名为"飞舞组合字"，为文字添加动画控制器，同时设置相应的关键帧制作文字飞舞并最终组合效果；为文字添加"斜面Alpha""阴影"命令制作立体效果。飞舞组合字效果如图2-2所示。

效果所在位置：Ch02\2.2.1-飞舞组合字\飞舞组合字. aep。

图2-2

1. 输入文字

（1）按Ctrl+N组合键，弹出"合成设置"对话框，在"合成名称"文本框中输入"最终效果"，其他选项的设置如图2-3所示，单击"确定"按钮，创建一个新的合成"最终效果"。选择"文件 > 导入 > 文件"命令，在弹出的"导入文件"对话框中，选择学习资源中的"Ch02\2.2.1-飞舞组合字\（Footage）\01.jpg"文件，如图2-4所示，单击"导入"按钮，导入背景图片，并将其拖曳到"时间轴"面板中。

图2-3

图2-4

（2）选择横排文字工具 **T**，在"合成"面板中输入文字"3月12日 全民植树节"，在"字符"面板中设置"填充颜色"为黄绿色（其R、G、B的值分别为182、193、0），其他选项的设置如图2-5所示。"合成"面板中的效果如图2-6所示。

图2-5

图2-6

（3）选中文字"3月12日"，在"字符"面板中设置相关参数，如图2-7所示。"合成"面板中的效果如图2-8所示。

图2-7

图2-8

（4）选中"文字"图层，单击"段落"面板中的"右对齐文本"按钮 ，如图2-9所示。"合成"面板中的效果如图2-10所示。

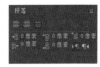

图2-9

图2-10

2．添加关键帧动画

（1）展开"文字"图层的"变换"属性，

设置"位置"选项的数值为911、282，如图2-11所示。"合成"面板中的效果如图2-12所示。

图2-11

图2-12

（2）单击"动画"右侧的 ▶ 按钮，在弹出的菜单中选择"锚点"，如图2-13所示。在"时间轴"面板中，系统会自动添加一个"动画制作工具1"选项，设置"锚点"选项的数值为0、-30，如图2-14所示。

图2-13

图2-14

（3）按照上述方法再添加一个"动画制作工具2"选项。单击"动画制作工具2"右侧的"添加"按钮 ▶，在弹出的菜单中选择"选择器 > 摆动"选项，如图2-15所示，展开"摆动选择器1"属性，设置"摇摆/秒"选项的数值为0，"关联"选项的数值为73%，如图2-16所示。

图2-15

图2-16

（4）再次单击"添加"按钮 ▶，添加"位置""缩放""旋转""填充色相"选项，分别选择后再设定各自的参数值，如图2-17所示。在"时间轴"面板中，将时间标签放置在第3秒的位置，分别单击这4个选项左侧的"关键帧自动记录器"按钮 ⏱，如图2-18所示，记录第1个关键帧。

图2-17

图2-18

（5）在"时间轴"面板中，将时间标签放置在第4秒的位置，设置"位置"选项的数值为0、0，"缩放"选项的数值为100、100%，"旋转"选项的数值为0、0，"填充色相"选项的数值为0、0，如图2-19所示，记录第2个关键帧。

（6）展开"摆动选择器1"属性，将时间标签放置在第0秒的位置，分别单击"时间相位"和"空间相位"选项左侧的"关键帧自动记录器"按钮🕐，记录第1个关键帧。设置"时间相位"选项的数值为2、0，"空间相位"选项的数值为2、0，如图2-20所示。

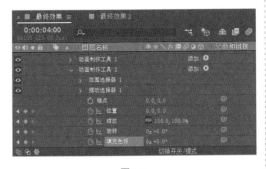

图2-19

图2-20

（7）将时间标签放置在第1秒的位置，如图2-21所示，在"时间轴"面板中，设置"时间相位"选项的数值为2、200，"空间相位"选项的数值为2、150，如图2-22所示，记录第2个关键帧。将时间标签放置在第2秒的位置，设置"时间相位"选项的数值为3、160，"空间相位"选项的数值为3、125，如图2-23所示，记录第3个关键帧。将时间标签放置在第3秒的位置，设置"时间相位"选项的数值为4、150，"空间相位"选项的数值为4、110，如图2-24所示，记录第4个关键帧。

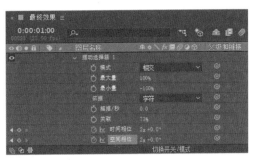

图2-21

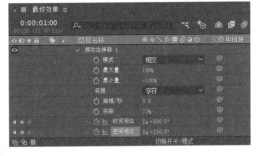

图2-22

图2-23

图2-24

3. 添加立体效果

（1）选中"文字"层，选择"效果 > 透视
> 斜面Alpha"命令，在"效果控件"面板中设置
参数，如图2-25所示。
"合成"面板中的效
果如图2-26所示。

图2-25

图2-26

（2）选择"效果 > 透视 > 投影"命令，在
"效果控件"面板中设置参数，如图2-27所示。
"合成"面板中的效果如图2-28所示。

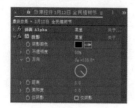

图2-27

图2-28

（3）在"时间轴"面板中单击"运动模
糊"按钮，将其激活。单击"文字"层右侧的
"运动模糊"按钮，如图2-29所示。飞舞组合
字制作完成，如图2-30所示。

图2-29

图2-30

2.2.2 将素材放置到时间轴上的方法

素材只有放入时间轴中才可以进行编辑。
将素材放入时间轴的方法如下。

将素材直接从"项目"面板拖曳到"合
成"面板中，如图2-31所示，这种方法可以决定
素材在合成画面中的位置。

在"项目"面板中将素材拖曳到合成层上，如图2-32所示。

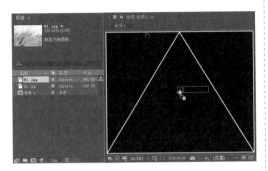

图2-31

将素材从"项目"面板拖曳到"时间轴"面板，在未松开鼠标时，不仅会出现一条蓝色线决定置入哪一层，同时时间标尺处还会显示时间标签决定素材入场的时间，如图2-34所示。

图2-34

图2-32

在"项目"面板中选中素材，按Ctrl+/组合键，将所选素材置入当前"时间轴"面板中。

将素材从"项目"面板拖曳到"时间轴"面板区域，在未松开鼠标时，"时间轴"面板中会显示一条蓝色线，根据蓝色线所在的位置可以决定置入哪一层，如图2-33所示。

在"项目"面板中双击素材，通过"素材"预览面板打开素材，单击 、两个按钮设置素材的入点和出点，再单击"波纹插入编辑"按钮或者"叠加编辑"按钮将素材插入"时间轴"面板，如图2-35所示。

图2-35

图2-33

> 🔍 提示
>
> 如果是图像素材，将无法出现上述按钮和功能，因此只能对视频素材使用此方法。

2.2.3 改变图层的顺序

在"时间轴"面板中选择图层，上下拖曳图层到适当的位置，可以改变图层的顺序，注意观察蓝色水平线的位置，如图2-36所示。

图2-36

在"时间轴"面板中选择图层，通过菜单命令或快捷键可以移动图层的位置。

①选择"图层 > 排列 > 将图层置于顶层"命令，或按Ctrl+Shift+] 组合键可以将图层移到最上方。

②选择"图层 > 排列 > 将图层前移一层"命令，或按Ctrl+]组合键可以将图层往上移一层。

③选择"图层 > 排列 > 将图层后移一层"命令，或按Ctrl+ [组合键可以将图层往下移一层。

④选择"图层 > 排列 > 将图层置于底层"命令，或按Ctrl+Shift+ [组合键可以将图层移到最下方。

2.2.4 复制图层和替换图层

1. 复制图层

方法一：

选中图层，选择"编辑 > 复制"命令，或按Ctrl+C组合键复制图层。

选择"编辑 > 粘贴"命令，或按Ctrl+V组合键粘贴图层，粘贴出来的新图层将保持开始所选图层的所有属性。

方法二：

选中图层，选择"编辑 > 重复"命令，或按Ctrl+D组合键可以快速复制图层。

2. 替换图层

方法一：

在"时间轴"面板中选择需要替换的图层，在"项目"面板中，按住Alt键的同时，将替换的新素材拖曳到"时间轴"面板，如图2-37所示。

方法二：

在"时间轴"面板中选择需要替换的图层，在图层上单击鼠标右键，在弹出的菜单中选择"显示 > 在项目流程图中显示图层"命令，打开"流程图"窗口。

在"项目"面板中，将替换的新素材拖曳到"流程图"窗口中目标图层图标上方，如图2-38所示。

图2-37

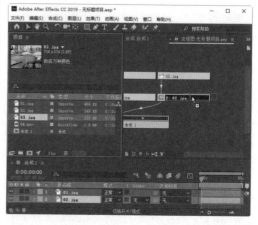

图2-38

2.2.5　给图层加标记

标记功能对于声音来说有着特殊的意义，如在某个高音处或某个鼓点处设置图层标记，在整个创作过程中，可以快速而准确地知道某个时间位置发生了什么。

1. 添加图层标记

在"时间轴"面板中选择图层，并移动当前时间标签到指定时间点上，如图2-39所示。

图2-39

选择"图层 > 标记> 添加标记"命令或按数字键盘上的 * 键，可以实现图层标记的添加操作，如图2-40所示。

图2-40

🔍提示

在视频创作过程中，视觉画面与音乐总是匹配的。选择背景音乐层，按数字键盘上的0键预听音乐。注意一边听一边在音乐变化时按数字键盘上的 * 键设置标记作为后续动画关键帧位置的参考，停止音乐播放后将呈现所有标记。

2. 修改图层标记

要修改图层标记，拖曳图层标记到新的时间位置上即可；或双击图层标记，弹出"图层标记"对话框，在"时间"文本框中输入目标时间，可以精确修改图层标记的时间位置，如图2-41所示。

图2-41

另外，为了更好地识别各个标记，可以给标记添加注释。双击标记，弹出"图层标记"对话框，在"注释"文本框中输入说明文字，如"更改从此处开始"，如图2-42所示。

图2-42

3. 删除图层标记

在图层标记上单击鼠标右键，在弹出的菜单中选择"删除此标记"或者"删除所有标记"命令，可以删除图层标记。

按住Ctrl键的同时，将鼠标指针移至标记处，当鼠标指针变为✂（剪刀）状时，单击鼠标即可删除标记。

2.2.6　让图层自动适合合成图像的尺寸

选择图层，选择"图层 > 变换 > 适合复合"命令或按Ctrl+Alt+F组合键，可以使图层尺寸完全适合图像尺寸。如果图层的长宽比与合成图像的长宽比不一致，将导致图层图像变形，如图2-43所示。

选择"图层 > 变换 > 适合复合宽度"命令或按Ctrl+Alt+Shift+H组合键，可以使图层宽适合合成图像宽，如图2-44所示。

选择"图层 > 变换 > 适合复合高度"命令或

按Ctrl+Alt+Shift+G组合键，可以使图层高适合合成图像高，如图2-45所示。

图2-43

图2-44

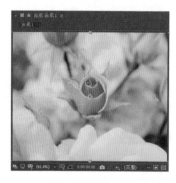

图2-45

2.2.7 图层与图层对齐和自动分布功能

选择"窗口 > 对齐"命令，弹出"对齐"面板，如图2-46所示。

"对齐"面板上的第一行按钮从左到右分别

为"左对齐"按钮■、"水平对齐"按钮■、"右对齐"按钮■、"顶对齐"按钮■、"垂直对齐"按钮■和"底对齐"按钮■。第二行从左到右分别为"按顶分布"按钮■、"垂直均匀分布"按钮■、"按底分布"按钮■、"水平方向左分布"按钮■、"水平均匀分布"按钮■和"水平方向右分布"按钮■。

在"时间轴"面板中，选择第1层，按住Shift键的同时选择第4层，将1~4文本层同时选中，如图2-47所示。

单击"对齐"面板中的"水平对齐"按钮■，将所选中的图层水平居中对齐；再单击"垂直均匀分布"按钮■，以"合成"预览面板中画面位置的最上层和最下层为基准，平均分布中间两层，达到垂直间距一致，如图2-48所示。

图2-46

图2-47

图2-48

2.3　图层的5个基本变化属性和关键帧动画

在After Effects中，图层的5个基本变化属性分别是锚点、位置、缩放、旋转和不透明度。下面将对这5个基本变化属性和关键帧动画进行讲解。

2.3.1　课堂案例——空中飞机

案例学习目标：学习使用图层的5个基本变化属性和关键帧动画。

案例知识要点：使用"导入"命令，导入素材；使用"缩放"属性和"位置"属性，制作飞机动画；使用"阴影"命令，为飞机添加投影效果。空中飞机效果如图2-49所示。

效果所在位置：Ch02\2.3.1-空中飞机\空中飞机.aep。

图2-49

（1）按Ctrl+N组合键，弹出"合成设置"对话框，在"合成名称"文本框中输入"最终效果"，其他选项的设置如图2-50所示，单击"确定"按钮，创建一个新的合成"最终效果"。选择"文件 > 导入 > 文件"命令，在弹出的"导入文件"对话框中，选择学习资源中的"Ch02\2.3.1-空中飞机\ (Footage) \01.jpg、02.png和03.png"文件，如图2-51所示，单击"导入"按钮，将图片导入"项目"面板中。

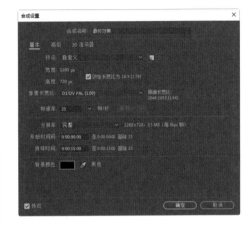

图2-50

图2-51

（2）在"项目"面板中，选中"01.jpg"和"02.png"文件并将它们拖曳到"时间轴"面板中，如图2-52所示。"合成"面板中的效果如图2-53所示。

图2-52

图2-53

（3）选中"02.png"层，按S键，展开"缩放"属性，设置"缩放"选项的数值为50、50%，如图2-54所示。"合成"面板中的效果如图2-55所示。

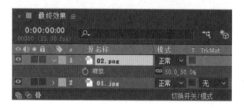

图2-54

图2-55

（4）保持时间标签在第0秒的位置，按P键，展开"位置"属性，设置"位置"选项的数值为1110.9、135.5，单击"位置"选项左侧的"关键帧自动记录器"按钮 ⏱，如图2-56所示，记录第1个关键帧。"合成"面板中的效果如图2-57所示。

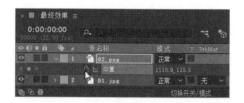

图2-56

图2-57

（5）将时间标签放置在第14秒24帧的位置，在"时间轴"面板中，设置"位置"选项的数值为100.8、204.9，如图2-58所示，记录第2个关键帧。"合成"面板中的效果如图2-59所示。

图2-58

图2-59

（6）将时间标签放置在第5秒的位置，如图2-60所示。选择"选择"工具▶，在"合成"面板中将飞机拖曳到适当的位置，如图2-61所示，记录第3个关键帧。

图2-60

图2-61

（7）将时间标签放置在第10秒的位置，在"合成"面板中将飞机拖曳到适当的位置，如图2-62所示，记录第4个关键帧。将时间标签放置在第12秒17帧的位置，在"合成"面板中将飞机拖曳到适当的位置，如图2-63所示，记录第5个关键帧。

图2-62

图2-63

（8）选中"02.png"层，选择"效果 > 透视 > 投影"命令，在"效果控件"面板中，将"阴影颜色"设为黄色（其R、G、B的值分别为255、210、0），其他选项的设置如图2-64所示。"合成"面板中的效果如图2-65所示。

图2-64

图2-65

（9）在"项目"面板中，选中"03.png"文件并将其拖曳到"时间轴"面板中，如图2-66所示。按照前面步骤中所讲的方法制作"03.png"层。空中飞机制作完成，如图2-67所示。

图2-66

图2-67

2.3.2　图层的5个基本变化属性

除了单独的音频层以外，各类型图层至少有5个基本变化属性，它们分别是锚点、位置、缩放、旋转和不透明度。单击"时间轴"面板中图层色彩标签前面的小箭头按钮▶展开变换属性标题，再单击"变换"左侧的小箭头按钮▶，可以展开其各个变换属性的具体参数，如图2-68所示。

图2-68

1. 锚点属性

当对图层进行移动、旋转和缩放时，都是依据一个点来操作的，这个点就是锚点。

选择需要的图层，按A键，展开"锚点"属性，如图2-69所示。以锚点为基准，如图2-70所示，旋转操作的效果如图2-71所示，缩放操作的效果如图2-72所示。

图2-69

图2-70　　　　　　　图2-71

图2-72

2. 位置属性

选择需要的图层，按P键，展开"位置"属性，如图2-73所示。以锚点为基准，如图2-74所

示，在图层的"位置"属性后方的数上拖曳鼠标（或单击输入需要的数值），如图2-75所示。松开鼠标，效果如图2-76所示。

图2-73　　　　　　　图2-74

图2-75　　　　　　　图2-76

普通二维层的"位置"属性由x轴向和y轴向两个参数组成。如果是三维层，则由x轴向、y轴向和z轴向3个参数组成。

> 🔍 **提示**
>
> 在制作位置动画时，如果要保持移动时的方向性，可以选择"图层 > 变换 > 自动定向"命令，弹出"自动定向"对话框，选择"沿路径定向"选项。

3. 缩放属性

选择需要的图层，按S键，展开"缩放"属性，如图2-77所示。以锚点为基准，如图2-78所示，在图层的"缩放"属性后方的数上拖曳鼠标（或单击输入需要的数值），如图2-79所示。松开鼠标，效果如图2-80所示。

图2-77

图2-78

图2-79　　　　　　　图2-80

普通二维层的"缩放"属性由x轴向和y轴向两个参数组成。如果是三维层，则由x轴向、y轴向和z轴向3个参数组成。

4. 旋转属性

选择需要的图层，按R键，展开"旋转"属性，如图2-81所示。以锚点为基准，如图2-82所示，在图层的"旋转"属性后方的数上拖曳鼠标（或单击输入需要的数值），如图2-83所示。松开鼠标，效果如图2-84所示。普通二维层的"旋转"属性由圈数和度数两个参数组成，如"1×＋180°"。

图2-81　　　　　　　图2-82

图2-83　　　　　　　图2-84

如果是三维层，"旋转"属性将增加为4个：方向可以同时设定x、y、z 3个轴向，X 轴旋转仅调整x轴向旋转，Y 轴旋转仅调整y轴向旋转，Z 轴旋转仅调整z轴向旋转，如图2-85所示。

图2-85

5. 不透明度属性

选择需要的图层，按T键，展开"不透明度"属性，如图2-86所示。以锚点为基准，如图2-87所示，在图层的"不透明度"属性后方的数上拖曳鼠标（或单击输入需要的数值），如图2-88所示。松开鼠标，效果如图2-89所示。

图2-86　　　　　　　图2-87

图2-88　　　　　　　图2-89

图2-90

2.3.3 利用位置属性制作位置动画

选择"文件 > 打开项目"命令，或按Ctrl+O组合键，弹出"打开"对话框，选择本书学习资源中的"基础素材 > Ch02 > 纸飞机 > 纸飞机.aep"文件，如图2-91所示，单击"打开"按钮，打开此文件，如图2-92所示。

图2-91

图2-92

在"时间轴"面板中选中"02.png"层，按P键，展开"位置"属性，确定当前时间标签处于第0秒的位置，调整"位置"属性的x值和y值分别为94和632，如图2-93所示；或选择选取工具▶，在"合成"面板中将"纸飞机"图形移动到画面的左下方，如图2-94所示。单击"位置"属性名称左侧的"关键帧自动记录器"按钮⏱，开始自动记录位置关键帧信息。

图2-93

图2-94

移动时间标签到第4秒24帧的位置，调整"位置"属性的x值和y值分别为1164和98；或选择选取工具▶，在"合成"面板中将"纸飞机"图形移动到画面的右上方，在"时间轴"面板当前时间下，"位置"属性将自动添加一个关键帧，如图2-95所示。"合成"面板中显示动画路径，如图2-96所示。按0键，可进行动画内存预览。

图2-95

图2-96

1. 手动调整"位置"属性

选择选取工具 ，直接在"合成"面板中拖曳图层。

在"合成"面板中拖曳图层时，按住Shift键，可以以水平或垂直方向移动图层。

在"合成"面板中拖曳图层时，按住Alt+Shift组合键，将使图层的边逼近合成图像的边缘。

以一个像素点移动图层，可以使用上、下、左、右4个方向键实现；以10个像素点移动图层，可以在按住Shift键的同时使用上、下、左、右四个方向键实现。

2. 通过修改参数值调整"位置"属性

当鼠标指针呈现 状时，在参数值上左右拖曳鼠标可以修改参数值。

单击参数将会出现输入框，可以在其中输入具体数值。输入框也支持加减法运算，如输入"+20"，表示在原来的轴向值上加上20个像素，如图2-97所示；如果是减法，则输入"1184-20"。

在属性标题或参数值上单击鼠标右键，在弹出的菜单中选择"编辑值"命令，或按Ctrl+Shift+P组合键，弹出"位置"对话框。在该对话框中可以调整具体参数值，并且可以选择调整所依据的尺寸，如像素、英寸、毫米、源的%、合成的%，如图2-98所示。

图2-97

图2-98

2.3.4　加入"缩放"动画

在"时间轴"面板中，选中"02.png"层，在按住Shift键的同时，按S键，展开"缩放"属性，如图2-99所示。

图2-99

将时间标签放在第0秒的位置，在"时间轴"面板中，单击"缩放"属性名称左侧的"关键帧自动记录器"按钮 ，开始记录缩放关键帧信息，如图2-100所示。

图2-100

移动时间标签到第4秒24帧的位置，将x轴向和y轴向的缩放值都调整为130%；或者选择选取工具▶，在"合成"面板中拖曳图层边框上的变换框进行缩放操作，如果同时按住Shift键则可以实现等比例缩放，还可以观察"信息"面板或"时间轴"面板中的"缩放"属性了解表示具体缩放程度的数值，如图2-101所示。"时间轴"面板当前时间下的"缩放"属性会自动添加一个关键帧，如图2-102所示。按0键，可预览动画内存。

图2-101

图2-102

1. 手动调整"缩放"属性

选择选取工具▶，直接在"合成"面板中拖曳图层边框上的变换框进行缩放操作，如果同时按住Shift键，则可以实现等比例缩放。

按住Alt键的同时按+（加号）键可以以1%递增缩放百分比，按住Alt键的同时按－（减号）键可以以1%递减缩放百分比；如果要以10%为递增或者递减调整，只需要在按住上述快捷键的同时再按Shift键即可，如Shift+Alt+-组合键。

2. 通过修改参数值调整"缩放"属性

当鼠标指针呈现🖑状时，在参数值上左右拖曳鼠标可以修改缩放值。

单击参数将会弹出输入框，可以在其中输入具体数值。输入框也支持加减法运算，例如，可以输入"+3"，表示在原有的值上加上3%；如果是减法，则输入"130-3"，如图2-103所示。

在属性标题或参数值上单击鼠标右键，在弹出的菜单中选择"编辑值"命令，在弹出的"缩放"对话框中进行设置，如图2-104所示。

图2-103　　　　　　图2-104

2.3.5　制作"旋转"动画

在"时间轴"面板中，选择"02.png"层，在按住Shift键的同时，按R键，展开"旋转"属性，如图2-105所示。

图2-105

将时间标签放置在第0秒的位置，单击"旋转"属性名称左侧的"关键帧自动记录器"按钮⏱，开始记录旋转关键帧信息。

移动时间标签到第4秒24帧的位置，调整

"旋转"属性值为"0×+180°"，旋转半圈，如图2-106所示；或者选择旋转工具🔁，在"合成"面板中以顺时针方向旋转图层，同时可以观察"信息"面板和"时间轴"面板中的"旋转"属性了解具体旋转圈数和度数，效果如图2-107所示。按0键，可预览动画内存。

图2-106

图2-107

1. 手动调整"旋转"属性

选择旋转工具🔁，在"合成"面板中以顺时针方向或者逆时针方向旋转图层，如果同时按住Shift键，将以45°为调整幅度。

可以通过数字键盘上的+（加号）键实现以1°顺时针方向旋转图层，也可以通过数字键盘上的−（减号）键实现以1°逆时针方向旋转图层；如果要以10°旋转调整图层，只需要在按住上述快捷键的同时再按Shift键即可，如Shift+数字键盘上的−键。

2. 通过修改参数值调整"旋转"属性

当鼠标指针呈现👆状时，在参数值上左右拖曳鼠标可以修改旋转值。

单击参数将会弹出输入框，可以在其中输入具体数值。输入框也支持加减法运算，如可

以输入"+2"，表示在原有的值上加上2°或者2圈（取决于在度数输入框还是圈数输入框中输入）；如果是减法，则输入"45−10"。

在属性标题或参数值上单击鼠标右键，在弹出的菜单中选择"编辑值"命令，或按Ctrl+Shift+R组合键，在弹出的"旋转"对话框中调整具体参数值，如图2-108所示。

图2-108

2.3.6 "锚点"的功用

在"时间轴"面板中，选择"02.png"层，在按住Shift键的同时，按A键，展开"锚点"属性，如图2-109所示。

图2-109

改变"锚点"属性中的第一个值为0，或者选择向后平移（锚点）工具📌，在"合成"面板中移动锚点，同时观察"信息"面板和"时间轴"面板中的"锚点"属性值了解具体位置移动参数，如图2-110所示。按0键，可预览动画内存。

图2-110

🔍 提 示

　　锚点的坐标是相对于图层，而不是相对
于合成图像的。

1．手动调整"锚点"

　　选择向后平移（锚点）工具 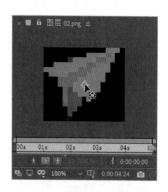，在"合
成"面板中移动轴心点。

　　在"时间轴"面板中双击图层，将图层的
"图层"预览面板打开，选择选取工具 ▶ 或者
向后平移（锚点）工具，移动轴心点，如图
2-111所示。

图2-111

2．通过修改参数值调整"锚点"

　　当鼠标指针呈现 🖐 状时，在参数值上左右
拖曳鼠标可以修改参数值。

　　单击参数将会弹出输入框，可以在其中
输入具体数值。输入框也支持加减法运算，例
如，可以输入"+30"，表示在原有的值上加上
30像素；如果是减法，则输入"360-30"。

　　在属性标题或参数值上单击鼠标右键，在
弹出的菜单中选择"编辑值"命令，在弹出的
"锚点"对话框
中调整具体参数
值，如图2-112
所示。

图2-112

2.3.7　添加"不透明度"动画

　　在"时间轴"面板中，选择"02.png"
层，在按住Shift键的同时，按T键，展开"不透
明度"属性，如图2-113所示。

图2-113

　　将时间标签放置在第0秒的位置，将"不
透明度"属性值调整为100%，使图层完全不透
明。单击"不透明度"属性名称左侧的"关键
帧自动记录器"按钮 ⏱，开始记录不透明度关键
帧信息。

🔍 提 示

　　按Alt+Shift+T组合键也可以实现上述操
作，此快捷键还可以实现在任意地方添加或删
除不透明度属性关键帧的操作。

　　移动时间标签到第4秒24帧的位置，调整
"不透明度"属性值为0%，使图层完全透明，
注意观察"时间轴"面板，当前时间下的"不
透明度"属性会自动添加一个关键帧，如图
2-114所示。按0键，可预览动画内存。

图2-114

通过修改参数值调整"不透明度"属性

　　当鼠标指针呈现 🖐 状时，在参数值上左右
拖曳鼠标可以修改不透明度数值。

　　单击参数将会弹出输入框，可以在其中
输入具体数值。输入框也支持加减法运算，例
如，可以输入"+20"，表示在原有的值上增加

10%；如果是减法，则输入"100-20"。

在属性标题或参数值上单击鼠标右键，在弹出的菜单中选择"编辑值"命令或按Ctrl+Shift+O组合键，在弹出的"不透明度"对话框中调整具体参数值，如图2-115所示。

图2-115

课堂练习——运动的线条

练习知识要点：使用"粒子运动场"命令、"变换"命令、"快速模糊"命令制作线条效果，使用"缩放"属性制作缩放效果。运动的线条效果如图2-116所示。

效果所在位置：Ch02\运动的线条\运动的线条.aep。

图2-116

课后习题——运动的圆圈

习题知识要点：使用"导入"命令，导入素材；使用"位置"选项，制作箭头运动动画；使用"旋转"选项，制作圆圈运动动画。运动的圆圈效果如图2-117所示。

效果所在位置：Ch02\运动的圆圈\运动的圆圈.aep。

图2-117

第 **3** 章

制作蒙版动画

本章简介

本章将讲解蒙版的相关知识，其中包括蒙版的设置、使用蒙版设计图形、调整蒙版图形形状、蒙版的变换、编辑蒙版的多种方式等。通过对本章的学习，读者可以掌握蒙版的使用方法和应用技巧，并运用蒙版功能制作出绚丽的视频效果。

课堂学习目标

◆ 初步了解蒙版

◆ 掌握设置蒙版的方法

◆ 掌握蒙版的基本操作方法

技能目标

◆ 掌握"粒子文字"的制作方法

◆ 掌握"粒子破碎效果"的制作方法

3.1 初步了解蒙版

蒙版其实就是一个由封闭的贝塞尔曲线所构成的路径轮廓，轮廓之内或之外的区域就是抠像的依据，如图3-1所示。

图3-1

> 🔍 提示
> 虽然蒙版是由路径组成的，但是千万不要误认为路径只是用来创建蒙版的，它还可以用于描绘勾边特效处理、沿路径制作动画特效等方面。

3.2 设置蒙版

通过设置蒙版，可以将两个以上的图层合成并制作出一个新的画面。蒙版可以在"合成"面板中进行调整，也可以在"时间轴"面板中调整。

3.2.1 课堂案例——粒子文字

案例学习目标：学习使用Particular效果及学习调整蒙版图形。

案例知识要点：使用"新建合成"命令，建立新的合成并命名；使用横排文字工具 **T**，输入并编辑文字；使用"色阶"命令和"色相/饱和度"命令，调整背景图的亮度和色调；使用"Particular"命令，制作粒子发散效果；使用矩形工具 **▣**，制作蒙版效果。粒子文字效果如图3-2所示。

效果所在位置：Ch03\3.2.1-粒子文字\粒子文字.aep。

图3-2

1. 输入文字并制作粒子

（1）按Ctrl+N组合键，弹出"合成设置"对话框，在"合成名称"文本框中输入"文字"，其他选项的设置如图3-3所示，单击"确定"按钮，创建一个新的合成"文字"。

（2）选择横排文字工具 **T**，在"合成"面板中输入英文"Cold Century"。选中英文，在

"字符"面板中设置"填充颜色"为白色，其他参数设置如图3-4所示。"合成"面板中的效果如图3-5所示。

图3-3

图3-4　　　　　　　　图3-5

（3）创建一个新的合成并命名为"最终效果"，如图3-6所示。选择"文件 > 导入 > 文件"命令，弹出"导入文件"对话框，选择学习资源中的"Ch03\3.2.1-粒子文字\（Footage）\01.mp4"文件，单击"导入"按钮，导入"01.mp4"文件，并将其拖曳到"时间轴"面板中，如图3-7所示。

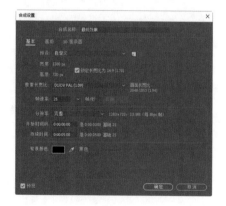

图3-6

图3-7

（4）选中"01.mp4"层，按S键，展开"缩放"属性，设置"缩放"选项的数值为74、74%，如图3-8所示。"合成"面板中的效果如图3-9所示。

图3-8

图3-9

（5）在"项目"面板中，选中"文字"合成并将其拖曳到"时间轴"面板中，单击"文字"层前面的"眼睛"按钮 👁，关闭该层的可视性，如图3-10所示。单击"文字"层右面的"3D图层"按钮 🔲，打开三维属性，如图3-11所示。

图3-10

图3-11

（6）在当前合成中新建一个黑色纯色层"粒子1"。选中"粒子1"层，选择"效果 > Trapcode > Particular"命令，展开"发射器"属性，在"效果控件"面板中设置参数，如图3-12所示。展开"粒子"属性，在"效果控件"面板中设置参数，如图3-13所示。

图3-14   图3-15

图3-16

图3-12   图3-13

（7）展开"物理学"选项下的"气"属性，在"效果控件"面板中设置参数，如图3-14所示。展开"气"选项下的"扰乱场"属性，在"效果控件"面板中设置参数，如图3-15所示。

（8）展开"渲染"选项下的"运动模糊"属性，单击"运动模糊"右边的下拉按钮，在弹出的菜单中选择"开"，如图3-16所示。设置完成后，在"时间轴"面板中自动生成一个灯光层，如图3-17所示。

图3-17

（9）选中"粒子1"层，将时间标签放置在第0秒的位置。在"时间轴"面板中分别单击"发射器"下的"粒子数量/秒"，"物理学/气"下的"旋转幅度"，以及"扰乱场"下的"影响尺寸"和"影响位置"选项左侧的"关键帧自动记录器"按钮，如图3-18所示，记录第1个关键帧。

（10）在"时间轴"面板中，将时间标签放置在第1秒的位置。设置"粒子数量/秒"选项的数值为0，"旋转幅度"选项的数值为50，"影响尺寸"选项的数值为20，"影响位置"选项的数值为500，如图3-19所示，记录第2个关键帧。

图3-18　　　　　　　　　　　　　　　　　　　　　　　图3-19

（11）将时间标签放置在第3秒的位置。在"时间轴"面板中，设置"旋转幅度"选项的数值为30，"影响尺寸"选项的数值为5，"影响位置"选项的数值为5，如图3-20所示，记录第3个关键帧。

图3-20

2. 制作形状蒙版

（1）在"项目"面板中，选中"文字"合成并将其拖曳到"时间轴"面板中，将时间标签放置在第2秒的位置，按 [键设置动画的入点，如图3-21所示。在"时间轴"面板中选中"图层1"层，选择矩形工具，在"合成"面板中拖曳鼠标绘制一个矩形蒙版，如图3-22所示。

图3-22

图3-21

（2）选中"图层1"层，按M键两次展开"蒙版"属性。单击"蒙版路径"选项左侧的"关键帧自动记录器"按钮，如图3-23所示，记录第1个"蒙版路径"关键帧。将时间标签放置在第4秒的位置。选择选取工具 ▶，在"合成"面板中同时选中"蒙版形状"右边的两个控制点，将控制点向右拖曳到如图3-24所示的位置，在第4秒的位置再次记录1个关键帧。

图3-23

图3-24

（3）在当前合成中新建一个黑色纯色层"粒子2"。选中"粒子2"层，选择"效果 > Trapcode > Particular"命令，展开"发射器"属性，在"效果控件"面板中设置参数，如图3-25所示。展开"粒子"属性，在"效果控件"面板中设置参数，如图3-26所示。

（4）展开"物理学"属性，设置"重力"选项的数值为-100，再展开"气"属性，在"效果控件"面板中设置参数，如图3-27所示。

图3-25

图3-26

图3-27

（5）展开"扰乱场"属性，在"效果控件"面板中设置参数，如图3-28所示。展开"渲染"选项下的"运动模糊"属性，单击"运动模糊"右边的下拉按钮，在弹出的菜单中选择"开"，如图3-29所示。

图3-28

图3-29

（6）在"时间轴"面板中，将时间标签放置在第0秒的位置，然后分别单击"发射器"下的"粒子数量/秒"和"位置 XY"选项左侧的"关键帧自动记录器"按钮 ◌，记录第1个关键帧，如图3-30所示。在"时间轴"面板中，将时间标签放置在第2秒的位置，然后设置"粒子数量/秒"选项的数值为5000，"位置 XY"选项的数值为213.3、350，如图3-31所示，记录第2个关键帧。

图3-30

图3-31

（7）在"时间轴"面板中，将时间标签放置在第3秒的位置，然后设置"粒子数量/秒"选项的数值为0，"位置 XY"选项的数值为1066.7、350，如图3-32所示，记录第3个关键帧。

图3-32

（8）粒子文字制作完成，如图3-33所示。

图3-33

3.2.2　使用蒙版设计图形

（1）在"项目"面板中单击鼠标右键，在弹出的菜单中选择"新建合成"命令，弹出"合成设置"对话框，在"合成名称"文本框中输入"蒙版"，其他选项的设置如图3-34所示，设置完成后，单击"确定"按钮。

（2）在"项目"面板中双击鼠标左键，在弹出的"导入文件"对话框中，选择学习资源中的"基础素材\Ch03\02.jpg ~ 05.jpg"文件，单击"打开"按钮，文件被导入"项目"面板中，如图3-35所示。

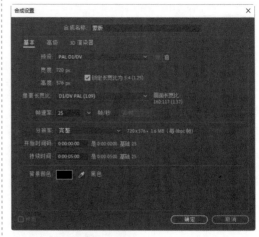

图3-34

图3-35

（3）在"项目"面板中保持文件的选取状态，将其拖曳到"时间轴"面板中，单击"05.jpg"层和"04.jpg"层左侧的"眼睛"按钮 ，将其隐藏，如图3-36所示。选中"03.jpg"层，选择椭圆工具 ，在"合成"面板中拖曳鼠标绘制圆形蒙版，效果如图3-37所示。

图3-36　　　　　　　图3-37

（4）选中"04.jpg"层，并单击此层左侧的方框，显示图层，如图3-38所示。选择星形工具 ，在"合成"面板中拖曳鼠标绘制星形蒙版，效果如图3-39所示。

图3-38

图3-39

（5）选中"05.jpg"层，并单击此层左侧的方框，显示图层，如图3-40所示。选择钢笔工具 ，在"合成"面板中绘制心形的轮廓，如图3-41所示。

图3-40　　　　　　　图3-41

3.2.3　调整蒙版图形形状

选择钢笔工具 ，在"合成"面板中绘制蒙版图形，如图3-42所示。选择转换"顶点"工具 。单击一个节点，则该节点处的线段转换为折角；在节点处拖曳鼠标可以拖出调节手柄，拖曳调节手柄，可以调整线段的弧度，如图3-43所示。

图3-42　　　　　　　图3-43

使用添加"顶点"工具 和删除"顶点"工具 可以添加或删除节点。选择添加"顶点"工具 ，将鼠标指针移动到需要添加节点的线段处单击鼠标，则该线段会添加一个节点，如图3-44所示；选择删除"顶点"工具 ，单击任意节点，则节点被删除，如图3-45所示。

图3-44　　　　　　　　图3-45

使用蒙版羽化工具 ![icon] 可以对蒙版进行羽化。选择蒙版羽化工具 ![icon]，将鼠标指针移动到该线段上，当鼠标指针变为 ![icon] 状时，如图3-46所示，单击鼠标添加一个控制点，拖曳控制点可以对蒙版进行羽化，如图3-47所示。

图3-46　　　　　　　　图3-47

3.2.4　蒙版的变换

选择选取工具 ![icon]，在蒙版边线上双击鼠标，会创建一个蒙版控制框，将鼠标指针移动到边框的右上角，鼠标指针变为 ![icon] 状，拖曳鼠标可以对整个蒙版图形进行旋转，如图3-48所示；将鼠标指针移动到边线中心点的位置，鼠标指针变为 ![icon] 状时，拖曳鼠标可以调整该边框的位置，如图3-49所示。

图3-48　　　　　　　　图3-49

3.3　蒙版的基本操作

在After Effects中，可以使用多种方式来编辑蒙版，还可以在"时间轴"面板中调整蒙版的属性，用蒙版制作动画。下面对蒙版的基本操作进行详细讲解。

3.3.1　课堂案例——粒子破碎效果

案例学习目标：学习蒙版的基本操作。

案例知识要点：使用"渐变"命令，制作渐变效果；使用矩形工具 ![icon]，制作蒙版效果；使用"碎片"命令，制作图片粒子破碎效果。粒子破碎效果如图3-50所示。

效果所在位置：Ch03\3.3.1-粒子破碎效果\粒子破碎效果.aep。

图3-50

（1）按Ctrl+N组合键，弹出"合成设置"对话框，在"合成名称"文本框中输入"渐变条"，其他选项的设置如图3-51所示，单击"确定"按钮，创建一个新的合成"渐变条"。选择"图层 > 新建 > 纯色"命令，弹出"纯色设置"对话框，在"名称"文本框中输入"渐变条"，将"颜色"设置为黑色，单击"确定"按钮，在"时间轴"面板中新增一个黑色纯色层，如图3-52所示。

图3-51

图3-52

（2）选中"渐变条"层，选择"效果 > 生成 > 梯度渐变"命令，在"效果控件"面板中设置"起始颜色"为黑色，"结束颜色"为白色，其他参数设置如图3-53所示，设置完成后，"合成"面板中的效果如图3-54所示。

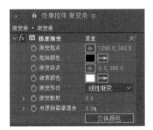

图3-53

图3-54

（3）选择矩形工具▢，在"合成"面板中拖曳鼠标绘制一个矩形蒙版，如图3-55所示。按Ctrl+N组合键，弹出"合成设置"对话框，在"合成名称"文本框中输入"噪波"，单击"确定"按钮，创建一个新的合成"噪波"。选择"图层 > 新建 > 纯色"命令，弹出"纯色设置"对话框，在"名称"文本框中输入"噪波"，将"颜色"设置为黑色，单击"确定"按钮，在"时间轴"面板中新增一个黑色纯色层，如图3-56所示。

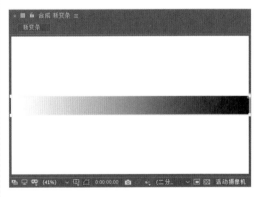

图3-55

图3-56

（4）选中"噪波"层，选择"效果 > 杂色和颗粒 > 杂色"命令，在"效果控件"面板中设置参数，如图3-57所示。选择"效果 > 颜色校正 > 曲线"命令，在"效果控件"面板中设置参数，如图3-58所示。

图3-57

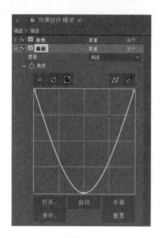

图3-58

（5）按Ctrl+N组合键，弹出"合成设置"对话框，在"合成名称"文本框中输入"图片"，单击"确定"按钮，创建一个新的合成"图片"。选择"文件 > 导入 > 文件"命令，在弹出的"导入文件"对话框中，选择学习资源中的"Ch03\3.3.1-粒子破碎效果\(Footage)\01.jpg"文件，如图3-59所示，单击"导入"按钮，导入文件，并将其拖曳到"时间轴"面板中，如图3-60所示。

图3-59

图3-60

（6）选中"01.jpg"层，按S键，展开"缩放"属性，设置"缩放"选项的数值为110、110%，如图3-61所示。"合成"面板中的效果如图3-62所示。

图3-61

图3-62

（7）按Ctrl+N组合键，弹出"合成设置"对话框，在"合成名称"文本框中输入"最终效果"，单击"确定"按钮，创建一个新的合成"最终效果"。在"项目"面板中，选中"渐变条""噪波""图片"合成并将其拖曳到"时间轴"面板中，层的排列如图3-63所示。单击"渐变条"层和"噪波"层左侧的"眼睛"按钮◉，关闭"渐变条"和"噪波"两层的可视性，如图3-64所示。

图3-63　　　　　　图3-64

（8）选中"图片"层，选择"效果＞模拟＞碎片"命令，在"效果控件"面板中，将"视图"改为"已渲染"模式，展开"形状""作用力1"属性，在"效果控件"面板中进行参数设置，如图3-65所示。"合成"面板中的效果如图3-66所示。

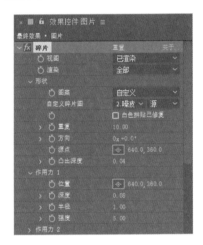

图3-65

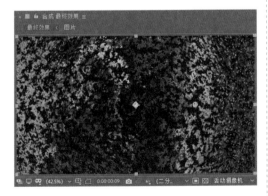

图3-66

（9）展开"渐变""物理学""摄像机位置"属性，在"效果控件"面板中进行参数设置，如图3-67所示。"合成"面板中的效果如图3-68所示。

图3-67

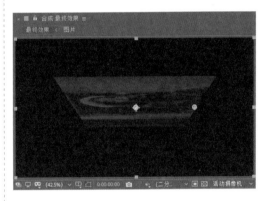

图3-68

（10）将时间标签放置在第0秒的位置。在"效果控件"面板中，分别单击"渐变"下的"碎片阈值"，"物理学"下的"重力"，"摄像机位置"下的"X轴旋转""Y轴旋转""Z轴旋转"和"焦距"选项左侧的"关键帧自动记录器"按钮🔘，如图3-69和图3-70所示，记录第1个关键帧。

图3-69

图3-70

（11）将时间标签放置在第3秒10帧的位置，在"效果控件"面板中，设置"碎片阈值"选项的数值为100%，"重力"选项的数值为2.7，如图3-71所示；"X 轴旋转"选项的数值为0、-60，"Y 轴旋转"选项的数值为0、-45，"Z 轴旋转"选项的数值为0、15，"焦距"选项的数值为100，如图3-72所示，记录第2个关键帧。

图3-71　　　　　　　图3-72

（12）将时间标签放置在第4秒24帧的位置。在"效果控件"面板中，设置"重力"选项的数值为100，如图3-73所示，记录第3个关键帧。粒子破碎效果制作完成，如图3-74所示。

图3-73

图3-74

3.3.2　编辑蒙版的多种方式

"工具"面板中除了创建蒙版的工具以外，还提供了多种编辑蒙版的工具。

选取工具▶：使用此工具可以在"合成"预览面板或者"图层"预览窗口中选择和移动路径点或者整个路径。

添加"顶点"工具：使用此工具可以增加路径上的节点。

删除"顶点"工具：使用此工具可以减少路径上的节点。

转换"顶点"工具：使用此工具可以改变路径的曲率。

蒙版羽化工具：使用此工具可以改变蒙版边缘的柔化效果。

1. 点的选择和移动

使用选取工具▶选中目标图层，然后直接单击路径上的节点，可以通过拖曳鼠标或利用键盘上的方向键来实现位置移动；如果要取消选择，只需要在空白处单击鼠标即可。

2. 线的选择和移动

使用选取工具▶选中目标图层，然后直接单击路径上两个节点之间的线，可以通过拖曳鼠标或利用键盘上的方向键来实现位置移动；如果要取消选择，只需要在空白处单击鼠标即可。

3. 多个点或者多余线的选择、移动、旋转和缩放

使用选取工具▶选中目标图层。首先单击路径上第一个点或第一条线，然后在按住Shift键

的同时，单击其他的点或者线，实现同时选择的目的。也可以通过拖曳一个选区，用框选的方法进行多点、多线的选择，或者是全部选择。

同时选中这些点或者线之后，在被选的对象上双击鼠标就可以生成一个控制框。在这个控制框中，可以非常方便地进行位置移动、旋转或者缩放等操作，如图3-75、图3-76和图3-77所示。

图3-75

图3-76

图3-77

全选路径的快捷方法如下。

通过鼠标框选的方法，将路径全部选取，但是不会出现控制框，如图3-78所示。

按住Alt键的同时单击路径，即可完成路径的全选，但是同样不会出现控制框。

在没有选择多个节点的情况下，在路径上双击鼠标，即可全选路径，并出现一个控制框。

在"时间轴"面板中，选中有蒙版的图层，按M键，展开"蒙版"属性，单击属性名称或蒙版名称即可全选路径，此方法也不会出现控制框，如图3-79所示。

图3-78

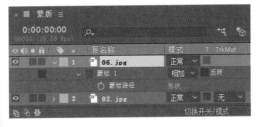

图3-79

> **提示**
> 将节点全部选中，选择"图层 > 蒙版和形状路径 > 自由变换点"命令，或按Ctrl+T组合键会出现控制框。

4. 多个蒙版上下层的调整

当图层中含有多个蒙版时，就存在上下层的关系，此关系关联到非常重要的部分——蒙版混合模式的选择。因为After Effects处理多个蒙版的先后次序是从上至下的，所以上下关系的排列直接影响着最终的混合效果。

在"时间轴"面板中，直接选中某个蒙版的名称，然后上下拖曳即可改变蒙版的层次，如图3-80所示。

图3-80

在"合成"面板或者"图层"预览面板中，可以通过选中一个蒙版，然后选择相应的菜单命令，实现蒙版层次的调整。

选择"图层 > 排列 > 将蒙版置于顶层"命令，或按Ctrl+Shift+] 组合键，可将选中的蒙版放置到顶层。

选择"图层 > 排列 > 将蒙版前移一层"命令，或按Ctrl+] 组合键，可将选中的蒙版往上移动一层。

选择"图层 > 排列 > 将蒙版后移一层"命令，或按Ctrl + [组合键，可将选中的蒙版往下移动一层。

选择"图层 > 排列 > 将蒙版置于底层"命令，或按Ctrl+ Shift+ [组合键，可将选中的蒙版放置到底层。

3.3.3 在"时间轴"面板中调整蒙版的属性

蒙版不只是一个简单的轮廓，还有其他的属性。在"时间轴"面板中，可以对蒙版的其他属性进行详细设置。

单击图层标签颜色前面的小箭头按钮，展开图层属性，如果图层上含有蒙版，就可以看到蒙版，单击蒙版名称前面的小箭头按钮，即可展开各个蒙版路径，单击其中任意一个蒙版路径颜色前面的小箭头按钮，即可展开关于此蒙版路径的属性，如图3-81所示。

> **提示**
>
> 选中某个图层，连续按两次M键，即可展开此图层蒙版路径的所有属性。

设置蒙版路径颜色

设置蒙版动画的属性区

图3-81

设置蒙版路径颜色：单击"蒙版颜色"按钮，可以弹出颜色对话框，选择适合的颜色加以区别。

设置蒙版路径名称：按Enter键即可出现修改输入框，修改完成后再次按Enter键即可。

选择蒙版混合模式：当本层含有多个蒙版时，可以在此选择各种混合模式。需要注意的是，多个蒙版的上下层次关系对混合模式产生的最终效果有很大影响。

● 无：蒙版无模式。选择此模式的路径将不具有蒙版作用，仅仅作为路径存在，作为勾边、光线动画或者路径动画的依据，如图3-82和图3-83所示。

图3-82

图3-83

● 相加：蒙版相加模式。将当前蒙版区域与之上的蒙版区域进行相加处理，对于蒙版重叠处的不透明度则采取在不透明度值的基础上再进行一个百分比相加的方式处理。例如，某

蒙版作用前，蒙版重叠区域画面的不透明度为50%，如果当前蒙版的不透明度是50%，运算后最终得出的蒙版重叠区域画面的不透明度是70%，如图3-84和图3-85所示。

图3-84

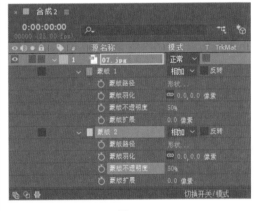

图3-85

● 相减：蒙版相减模式。将当前蒙版上面所有蒙版组合的结果进行相减，当前蒙版区域内容不显示。如果同时调整蒙版的不透明度，则不透明度值越高，蒙版重叠区域内越透明，因为相减混合完全起作用；而不透明度值越低，蒙版重叠区域内就会越不透明，相减混合越来越弱，如图3-86和图3-87所示。例如，某蒙版作用前，蒙版重叠区域画面的不透明度为80%，如果当前蒙版设置的不透明度是50%，运算后最终得出的蒙版重叠区域画面的不透明度为40%，如图3-88和图3-89所示。

图3-86

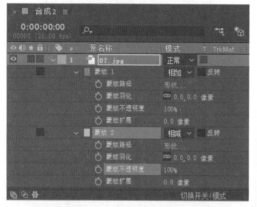

上下两个蒙版的不透明度都为100%的情况

图3-87

图3-88

上面蒙版的不透明度为80%，下面蒙版的不透明度为50%的情况

图3-89

●交集：蒙版交集模式。采取交集方式混合蒙版，只显示当前蒙版与上面所有蒙版组合的结果相交部分的内容，相交区域内的透明度是在上面蒙版的基础上再进行一个百分比运算，如图3-90和图3-91所示。例如，某蒙版作用前，蒙版重叠画面的不透明度为60%，如果当前蒙版设置的不透明度为50%，运算后最终得出的画面的不透明度为30%，如图3-92和图3-93所示。

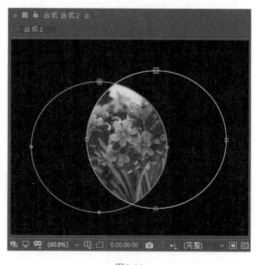

图3-90

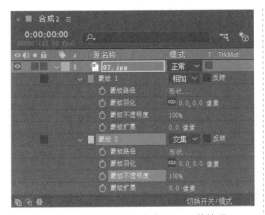

上下两个蒙版的不透明度都为100%的情况

图3-91

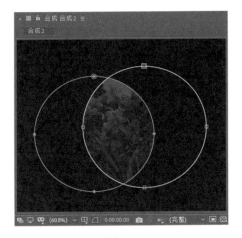

图3-92

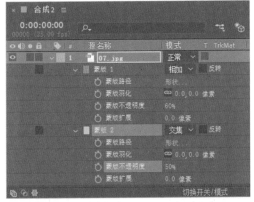

上面蒙版的不透明度为60%，下面蒙版的不透明度为50%的情况

图3-93

● 变亮：蒙版变亮模式。对于可视区域来讲，此模式与"相加"模式一样，但是对于蒙版重叠处的不透明度，采用的是不透明度值较高的那个值。例如，某蒙版作用前，蒙版重叠区域画面的不透明度为60%，如果当前蒙版设置的不透明度为80%，运算后最终得出的蒙版重叠区域画面的不透明度为80%，如图3-94和图3-95所示。

图3-94

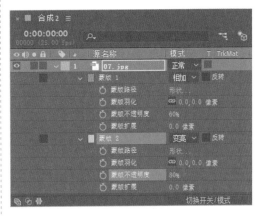

图3-95

● 变暗：蒙版变暗模式。对于可视区域来讲，此模式与"相减"模式一样，但是对于蒙版重叠处的不透明度，采用的是不透明度值较低的那个值。例如，某蒙版作用前，蒙版重叠区域画面的不透明度是40%，如果当前蒙版设

置的不透明度为100%，运算后最终得出的蒙版重叠区域画面的不透明度为40%，如图3-96和图3-97所示。

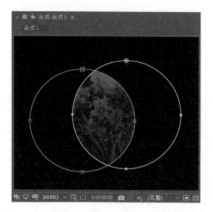

图3-96

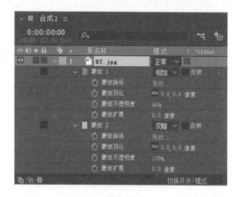

图3-97

● 差值：蒙版差值模式。此模式对于可视区域采取的是并集减交集的方式。也就是说，先将当前蒙版与上面所有蒙版组合的结果进行并集运算，然后再将当前蒙版与上面所有蒙版组合的结果相交部分进行相减。对于不透明度，与上面蒙版结果未相交部分采用当前蒙版不透明度设置，相交部分采用两者之间的差值，如图3-98和图3-99所示。例如，某蒙版作用前，蒙版重叠区域画面的不透明度为40%，如果当前蒙版设置的不透明度为60%，运算后最终得出的蒙版重叠区域画面的不透明度为20%，当前蒙版未重叠区域的不透明度为60%，如图3-100和图3-101所示。

图3-98

上下两个蒙版的不透明度都为100%的情况

图3-99

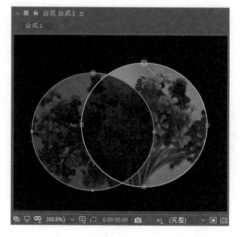

图3-100

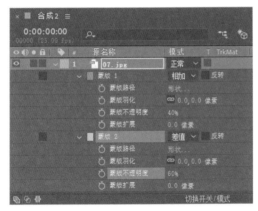

上面蒙版的不透明度为40%，下面蒙版的不透明度为
60%的情况

图3-101

反转：将蒙版进行反向处理，如图3-102和
图3-103所示。

未激活反转时的效果

图3-102

激活了反转时的效果

图3-103

设置蒙版动画的属性区：在蒙版属性列中
可以为各蒙版属性添加关键帧动画效果。

● 蒙版路径：用于设置蒙版的形状。单击
右侧的"形状"文字按钮，可以弹出"蒙版形
状"对话框，选择"图层 > 蒙版 > 蒙版形状"
命令也可打开该对话框。

● 蒙版羽化：蒙版羽化控制，可以通过羽化
蒙版得到更自然的融合效果，并且x轴向和y轴向
可以有不同的羽化程度。单击按钮，可以将两
个轴向锁定和释放，如图3-104所示。

● 蒙版不透明度：用于调整蒙版的不透明
度，如图3-105和图3-106所示。

图3-104

不透明度为100%时的效果

图3-105

不透明度为50%时的效果

图3-106

● 蒙版扩展：用于调整蒙版的扩展程度，正值为扩展蒙版区域，负值为收缩蒙版区域，如图3-107和图3-108所示。

蒙版扩展设置为50时的效果

图3-107

蒙版扩展设置为-50时的效果

图3-108

3.3.4 用蒙版制作动画

（1）在"时间轴"面板中选择图层，选择星形工具★，在"合成"面板中拖曳鼠标绘制一个星形蒙版，如图3-109所示。

（2）选择添加"顶点"工具✐，在刚刚绘制的星形蒙版上添加10个节点，如图3-110所示。

图3-109

图3-110

（3）选择选取工具▶，将角点的节点选中，如图3-111所示。选择"图层 > 蒙版和形状路径 > 自由变换点"命令，出现控制框，如图3-112所示。

图3-111

图3-112

（4）按住Ctrl+Shift组合键的同时，向右上方拖曳右下角的控制点，拖曳出如图3-113所示的效果。

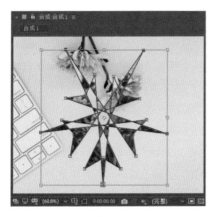

图3-113

（5）调整完成后，按Enter键确认。在"时间轴"面板中，按两次M键，展开蒙版的所有属性，单击"蒙版路径"属性前面的"关键帧自动记录器"按钮 ，生成第1个关键帧，如图3-114所示。

图3-114

（6）将当前时间标签移动到第3秒的位置，选中内侧的节点，如图3-115所示。按Ctrl+T组合键，出现控制框，按住Ctrl+Shift组合键的同时，向右上方拖曳右下角的控制点，拖曳出如图3-116所示的效果。

图3-115

图3-116

（7）调整完成后，按Enter键确认。在"时间轴"面板中，"蒙版路径"属性自动生成第2个关键帧，如图3-117所示。

图3-117

（8）选择"效果 > 生成 > 描边"命令，在"效果控件"面板中进行设置，如图3-118所示，为蒙版路径添加描边特效。

（9）选择"效果 > 风格化 > 发光"命令，在"效果控件"面板中进行设置，如图3-119所示，为蒙版路径添加发光特效。

图3-118

图3-119

（10）按0键，预览蒙版动画，按任意键结束预览。

（11）在"时间轴"面板中单击"蒙版路径"属性名称，同时选中两个关键帧，如图3-120所示。

图3-120

（12）选择"窗口 > 蒙版插值"命令，打开"蒙版插值"面板，在面板中进行设置，如图3-121所示。

图3-121

"蒙版插值"面板选项介绍

关键帧速率：决定每秒钟内在两个关键帧之间产生多少个关键帧。

"关键帧"字段（双重比率）：勾选此复选框，关键帧数目会增加到"关键帧速率"中设定的两倍，因为关键帧是按场计算的。还有一种情况会在场中生成关键帧，那就是当"关键帧速率"设置的值大于合成项目的帧速率时。

使用"线性"顶点路径：勾选此复选框，路径会沿着直线运动，否则就是沿曲线运动。

抗弯强度：在节点的变化过程中，可以通过这个值的设定决定是采用拉伸的方式还是弯曲的方式处理节点的变化。

品质：用于设置动画的质量。如果值为0，那么第1个关键帧的点必须对应第2个关键帧的那个点。例如，第1个关键帧的第8个点，必须对应第2个关键帧的第8个点变化。如果值为100，那么第1个关键帧的点可以模糊地对应第2个关键帧的任何点。这样，越高的值得到的动画效果越平滑、越自然，但是计算的时间越长。

添加蒙版路径顶点：勾选此复选框，将在变化过程中自动增加蒙版节点。第1个选项是数值设置，第2个选项是选择After Effects提供的3种增加节点的方式。"顶点之间的像素",表示每多少个像素增加一个节点,如果前面的数值设置为18,则每18个像素增加一个节点;"总顶点数"决定节点的总数,如果前面的数值设置为60,则由60个节点组成一个蒙版;"轮廓的百分比",以蒙版周长的百分比距离放置节点,如果前面的数值设置为5,则表示每隔5%蒙版周长的距离放置一个节点,最后蒙版将由20个节点构成,如果设置为1%,则最后蒙版将由100个节点构成。

配合法:将一个蒙版路径上的顶点与另一个路径上的顶点进行匹配的算法。有3个选项:"自动",表示自动处理;"曲线",当蒙版路径上有曲线时选用此选项;"多角线",当蒙版路径上没有曲线时选用此选项。

使用1∶1顶点匹配:使用1∶1的对应方式,如果前后两个关键帧里的蒙版节点数目相同,此选项将强制节点绝对对应,即第1个节点对应第1个节点,第2个节点对应第2个节点。但是,如果节点数目不同,会出现一些无法预料的效果。

第一顶点匹配:决定是否强制起始点对应。

(13)单击"应用"按钮应用设置,按0键,可预览优化后的蒙版动画。

课堂练习——调色效果

练习知识要点:使用"粒子运动""变换""快速模糊"命令制作线条效果,使用"缩放"属性制作缩放效果。调色效果如图3-122所示。

效果所在位置:Ch03\调色效果\调色效果.aep。

图3-122

课后习题——流动的线条

习题知识要点:使用钢笔工具，绘制线条效果;使用"3D Stroke"命令,制作线条描边动画;使用"发光"命令,制作线条发光效果;使用"Starglow"命令,制作线条流光效果。流动的线条效果如图3-123所示。

效果所在位置:Ch03\流动的线条\流动的线条.aep。

图3-123

第 **4** 章

应用时间轴制作特效

本章简介

应用时间轴制作特效是After Effects的重要功能。本章将详细讲解时间轴的相关知识、时间重置的方法、关键帧的概念、关键帧的基本操作等内容。通过学习本章内容，读者可以学会应用时间轴来制作视频特效。

课堂学习目标

◆ 熟悉时间轴的相关知识

◆ 理解重置时间的方法

◆ 理解关键帧的概念

◆ 掌握关键帧的基本操作方法

技能目标

◆ 掌握"粒子汇集文字"的制作方法

◆ 掌握"旅游广告"的制作方法

4.1　时间轴

通过对时间轴的控制，可以使正常播放的画面加速或减慢，甚至反向播放，还可以产生一些非常有趣的或者富有戏剧性的动态图像效果。

4.1.1　课堂案例——粒子汇集文字

案例学习目标：学习使用输入文字、在文字上添加滤镜和动画倒放效果。

案例知识要点：使用横排文字工具 T，编辑文字；使用"CC Pixel Polly"命令，制作文字粒子特效；使用"发光"命令和"Shine"命令，制作文字发光；使用"时间伸缩"命令，制作动画倒放效果。粒子汇集文字效果如图4-1所示。

效果所在位置：Ch04\4.1.1-粒子汇集文字\粒子汇集文字.aep。

图4-1

1. 输入文字并添加特效

（1）按Ctrl+N组合键，弹出"合成设置"对话框，在"合成名称"文本框中输入"粒子发散"，其他选项的设置如图4-2所示，单击"确定"按钮，创建一个新的合成"粒子发散"。

（2）选择横排文字工具 T，在"合成"面板中输入文字"午夜都市"。选中文字，在"字符"面板中设置文字参数，如图4-3所示。"合成"面板中的效果如图4-4所示。

图4-2

图4-3

图4-4

（3）选中"文字"层，选择"效果 > 模拟 >
CC Pixel Polly"命令，在"效果控件"面板中进行
参数设置，如图4-5所示。"合成"面板中的效果
如图4-6所示。

图4-5

图4-6

（4）将时间标签放置在第0秒的位置，在
"效果控件"面板中，单击"Force"选项左侧的
"关键帧自动记录器"按钮，如图4-7所示，记
录第1个关键帧。将时间标签放置在第4秒24帧的位
置，在"效果控件"面板中，设置"Force"选项的
数值为−0.6，如图4-8所示，记录第2个关键帧。

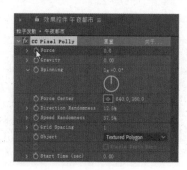

图4-7

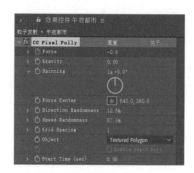

图4-8

（5）将时间标签放置在第3秒的位置，
在"效果控件"面板中，单击"Gravity"选项
左侧的"关键帧自动记录器"按钮，如图4-9
所示，记录第1个关键帧。将时间标签放置在
第4秒的位置，在"效果控件"面板中，设置
"Gravity"选项的数值为3，如图4-10所示，记
录第2个关键帧。

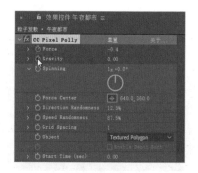

图4-9

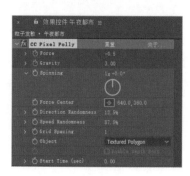

图4-10

（6）将时间标签放置在第0秒的位置，选
择"效果 > 风格化 > 发光"命令，在"效果控

件"面板中,设置"颜色A"为红色(其R、G、B的值分别为255、0、0),"颜色B"为橙黄色(其R、G、B的值分别为255、114、0),其他参数设置如图4-11所示。"合成"面板中的效果如图4-12所示。

图4-11

图4-12

(7)选择"效果 > Trapcode > Shine"命令,在"效果控件"面板中进行参数设置,如图4-13所示。"合成"面板中的效果如图4-14所示。

图4-13

图4-14

2. 制作动画倒放效果

(1)按Ctrl+N组合键,弹出"合成设置"对话框,在"合成名称"文本框中输入"粒子汇集",其他选项的设置如图4-15所示,单击"确定"按钮,创建一个新的合成"粒子汇集"。

(2)选择"文件 > 导入 > 文件"命令,在弹出的"导入文件"对话框中,选择学习资源中的"Ch04\4.1.1-粒子汇集文字\ (Footage) \01.mp4"文件,单击"导入"按钮,文件被导入"项目"面板中。在"项目"面板中选中"粒子发散"合成和"01.mp4"文件,将它们拖曳到"时间轴"面板中,图层的排列如图4-16所示。

图4-15

图4-16

（3）选中"粒子发散"层，选择"图层 >
时间 > 时间伸缩"命令，弹出"时间伸缩"对
话框，设置"拉伸因数"选项的数值为-100%，
如图4-17所示，单击"确定"按钮。时间标签自
动移到第0秒的位置，如图4-18所示。

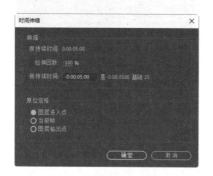

图4-17

图4-18

（4）按 [键将素材对齐，如图4-19所示，
实现倒放功能。粒子汇集文字制作完成，如图
4-20所示。

图4-19

图4-20

4.1.2　使用时间轴控制速度

选择"文件 > 打开项目"命令，选择学习
资源中的"基础素材\Ch04\小视频\小视频.aep"
文件，单击"打开"按钮打开文件。

在"时间轴"面板中，单击　按钮，展开
时间拉伸属性，如图4-21所示。伸缩属性可以加
快或者放慢动态素材层的时间，默认情况下伸
缩值为100%，表示以正常速度播放片段；小于
100%时，会加快播放速度；大于100%时，将减
慢播放速度。不过时间拉伸不能形成关键帧，
因此不能制作时间变速的动画特效。

图4-21

4.1.3　设置声音的时间轴属性

除了视频，在After Effects中还可以对音
频应用伸缩功能。调整音频层中的伸缩值，随
着伸缩值的变化，可以听到声音的变化，如图
4-22所示。

如果某个素材层同时包含音频和视频信
息，在进行伸缩速度调整时，希望只影响视频
信息，音频信息保持正常速度播放。这时，就
需要将该素材层复制一份，两个层中一个关闭
视频信息，但保留音频部分，不做伸缩速度改
变；另一个关闭音频信息，保留视频部分，进
行伸缩速度调整。

图4-22

4.1.4　使用入和出控制面板

入和出控制面板可以方便地控制层的入点
和出点信息，不过它还隐藏了一些快捷功能，

通过这些快捷功能可以改变素材片段的播放速度，改变伸缩值。

在"时间轴"面板中，将当前时间标签调整到某个时间位置，按住Ctrl键的同时，单击入点或者出点参数，即可改变素材片段的播放速度，如图4-23所示。

图4-23

4.1.5　时间轴上的关键帧

如果素材层上已经制作了关键帧动画，那么在改变其伸缩值时，不仅会影响其本身的播放速度，关键帧之间的时间距离也会随之改变。例如，将伸缩值设置为50%，那么原来关键帧之间的距离就会缩短一半，关键帧动画速度同样也会加快一倍，如图4-24所示。

图4-24

如果不希望改变伸缩值时影响关键帧的时间位置，则需要全选当前图层的所有关键帧，然后选择"编辑 > 剪切"命令，或按Ctrl+X组合键，暂时将关键帧信息剪切到系统剪贴板中，调整伸缩值，在改变素材层的播放速度后，选取使用关键帧的属性，再选择"编辑 > 粘贴"命令，或按Ctrl+V组合键，将关键帧粘贴回当前图层。

4.1.6　颠倒时间

在视频节目中，经常会看到倒放的动态影像，利用伸缩属性可以很方便地实现这一点，把伸缩值调整为负值就可以了。例如，保持片段原来的播放速度，只是实现倒放，可以将伸缩值设置为-100%，如图4-25所示。

图4-25

当把伸缩值设置为负值时，图层上出现了蓝色的斜线，表示已经颠倒了时间。但是图层会移动到别的地方，这是因为在颠倒时间的过程中，是以图层的入点为变化基准，所以反向时导致了图层位置上的变动，将其拖曳到合适位置即可。

4.1.7　确定时间调整基准点

在进行时间拉伸的过程中，我们发现变化时的基准点在默认情况下是以入点为标准的，特别是在颠倒时间的练习中更明显地感受到了这一点。其实在After Effects中，时间调整的基准点同样是可以改变的。

单击伸缩参数，弹出"时间伸缩"对话框，在对话框中的"原位定格"区域可以设置在改变时间拉伸值时图层变化的基准点，如图4-26所示。

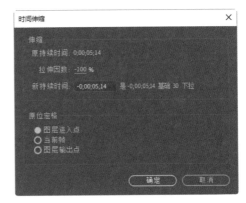

图4-26

图层进入点：以图层入点为基准，也就是在调整过程中，固定入点位置。

当前帧：以当前时间标签为基准，也就是在调整过程中，同时影响入点和出点位置。

图层输出点：以图层出点为基准，也就是在调整过程中，固定出点位置。

4.2 重置时间

重置时间是一种可以随时重新设置素材片断播放速度的超强功能。与伸缩不同的是，它可以设置关键帧，进行各种时间变速动画创作。重置时间可以应用在动态素材上，如视频素材层、音频素材层和嵌套合成等。

4.2.1 应用时间重映射命令

在"时间轴"面板中选择视频素材层，选择"图层 > 时间 > 启用时间重映射"命令，或按Ctrl+Alt+T组合键，激活"时间重映射"属性，如图4-27所示。

图4-27

添加"时间重映射"后会自动在视频图层的入点和出点位置加入两个关键帧，入点位置的关键帧记录了片段第0秒0帧这个时刻，出点关键帧记录了片段最后的时刻，也就是第13秒0帧。

4.2.2 时间重映射的方法

（1）在"时间轴"面板中，移动当前时间标签到第5秒的位置，选中"01.mp4"层，单击"在当前时间添加或移除关键帧"按钮，如图4-28所示，生成一个关键帧，这个关键帧记录了片段第5秒这个时刻。

图4-28

（2）将刚刚生成的那个关键帧往左边拖曳，移动到第2秒的位置，这样得到的结果就是从开始一直到第2秒的位置，会播放片段第0秒到第5秒的内容。因此，从开始到第2秒时，素材片段会快速播放，而过了2秒以后，素材片段会慢速播放，因为最后的那个关键帧并没有发生位置移动，如图4-29所示。

图4-29

（3）按0键预览动画效果，按任意键结束预览。

（4）再次将当前时间标签移动到第5秒的位置，选中"01.mp4"层，单击"在当前时间添加或移除关键帧"按钮，生成一个关键帧，这个关键帧记录了片段第7秒10帧这个时刻，如图4-30所示。

图4-30

（5）将记录了片段第7秒10帧的这个关键帧，移动到第1秒的位置，会播放片段第0秒到第7秒10帧的内容，速度非常快；然后从第1秒到第2秒的位置，会反向播放片段第7秒10帧到第5秒的内容；过了2秒以后直到最后，会重新播放第3秒到第17秒16帧的内容，如图4-31所示。

图4-31

（6）可以切换到"图形编辑器"模式，调整这些关键帧的运动速率，形成各种运动变速效果，如图4-32所示。

图4-32

4.3　关键帧的概念

在After Effects中，把包含着关键信息的帧称为关键帧。锚点、旋转和不透明度等所有能够用数值表示的信息都包含在关键帧中。

在制作电影时，通常要制作许多不同的片断，然后将片断连接到一起才能制作成电影。对于制作的人来说，每一个片段的开头和结尾都要作上一个标记，这样在看到标记时就知道这一段内容是什么。

在After Effects中依据前后两个关键帧，识别动画开始和结束的状态，并自动计算中间的动画过程（此过程也叫插值运算），产生视觉动画。这也就意味着，要产生关键帧动画，就必须拥有两个或两个以上有变化的关键帧。

4.4　关键帧的基本操作

在After Effects中，可以添加、选择和编辑关键帧，还可以使用关键帧自动记录器来记录关键帧。下面将对关键帧的基本操作进行具体讲解。

4.4.1　课堂案例——旅游广告

案例学习目标：学习使用关键帧制作飞机运动效果。

案例知识要点：使用图层编辑飞机位置或方向；使用"动态草图"命令，绘制动画路径并自动添加关键帧；使用"平滑器"命令，自动减少关键帧。旅游广告效果如图4-33所示。

效果所在位置：Ch04\4.4.1-旅游广告\旅游广告.aep。

图4-33

（1）按Ctrl+N组合键，弹出"合成设置"

对话框，在"合成名称"文本框中输入"效果"，其他选项的设置如图4-34所示，单击"确定"按钮，创建一个新的合成"效果"。选择"文件 > 导入 > 文件"命令，在弹出的"导入文件"对话框中，选择学习资源中的"Ch04\4.4.1-旅游广告\ (Footage) \01.jpg、02.png ~ 04.png"文件，单击"导入"按钮，将图片导入"项目"面板中，如图4-35所示。

图4-34

图4-35

（2）在"项目"面板中，选中"01.jpg""02.png""03.png"文件，并将它们拖曳到"时间轴"面板中，图层的排列如图4-36所示。选中"02.png"层，按P键，展开"位置"属性，设置"位置"选项的数值为705、334，如图4-37所示。

图4-36

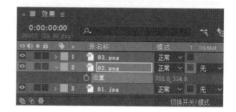

图4-37

（3）选中"03.png"层，选择向后平移（锚点）工具，在"合成"面板中按住鼠标左键调整飞机的中心点位置，如图4-38所示。按P键，展开"位置"属性，设置"位置"选项的数值为909、685，如图4-39所示。

图4-38

图4-39

（4）按R键，展开"旋转"选项，设置"旋转"选项的数值为0、57°，如图4-40所示。"合成"面板中的效果如图4-41所示。

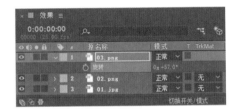

图4-40

图4-41

（5）选择"窗口 > 动态草图"命令，弹出"动态草图"面板，在面板中设置参数，如图4-42所示，单击"开始捕捉"按钮。当"合成"面板中的鼠标指针变成十字形状时，在面板中绘制运动路径，如图4-43所示。

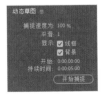

图4-42

图4-43

（6）选择"图层 > 变换 > 自动定向"命令，

弹出"自动方向"对话框，在对话框中选择"沿路径定向"选项，如图4-44所示，单击"确定"按钮。"合成"面板中的效果如图4-45所示。

图4-44

图4-45

（7）按P键，展开"位置"属性，单击属性名称将所有关键帧选中。选择"窗口 > 平滑器"命令，打开"平滑器"面板，在面板中设置参数，如图4-46所示，单击"应用"按钮。"合成"面板中的效果如图4-47所示。制作完成后动画就会更加流畅。

图4-46

图4-47

（8）在"项目"面板中选中"04.png"文件，将其拖曳到"时间轴"面板中，如图4-48所示。"合成"面板中的效果如图4-49所示。旅游广告制作完成。

图4-48

图4-49

4.4.2 关键帧自动记录器

在After Effects中，可以采用多种方法调整和设置图层的各个属性，但是通常情况下，这种设置被认为是针对整个持续时间的。如果要进行动画处理，则必须单击"关键帧自动记录器"按钮，记录两个或两个以上的、含有不同变化信息的关键帧，如图4-50所示。

图4-50

关键帧自动记录器为启用状态时，After Effects将自动记录当前时间标签下该属性的任何变动，形成关键帧。如果关闭属性关键帧自动记录器，则此属性的所有已有的关键帧将被删除，由于缺少关键帧，动画信息丢失，再次调整属性时，将被视为针对整个持续时间的调整。

4.4.3 添加关键帧

添加关键帧的方式有很多，基本方法是先激活某属性的关键帧自动记录器，然后改变属性值，在当前时间标签处就会形成关键帧，具体操作步骤如下。

（1）选择某图层，通过单击小箭头按钮▶或按属性的快捷键，展开图层的属性。

（2）将当前时间标签移动到建立第1个关键帧的时间位置。

（3）单击某属性的"关键帧自动记录器"按钮，在当前时间标签位置将产生第1个关键帧，并将此属性的数值调整合适。

（4）将当前时间标签移动到建立下一个关键帧的时间位置，在"合成"预览面板或者"时间轴"面板中调整相应的图层属性，关键帧将自动产生。

（5）按0键，预览动画。

> **提示**
>
> 如果某图层的蒙版属性打开了关键帧自动记录器，那么在"图层"预览窗口中调整蒙版时也会产生关键帧信息。

另外，单击"时间轴"控制区中的关键帧面板◀◆▶中间的◆按钮，可以添加关键帧；如果是在已经有关键帧的情况下单击此按钮，则可将已有的关键帧删除，其快捷键是Alt+Shift+属性快捷键，如Alt+Shift+P键。

4.4.4 关键帧导航

上一小节中提到了"时间轴"控制区的关键帧面板，此面板中最主要的功能就是关键帧导航，通过关键帧导航可以快速跳转到上一个或下一个关键帧，还可以方便地添加或者删除关键帧。如果此面板没有出现，可以单击"时间轴"面板左上方的■按钮，在弹出的菜单中选择"列数 > A/V功能"命令，即可打开此面板，如图4-51所示。

图4-51

🔍提 示

　　既然要对关键帧进行导航操作，就必须将关键帧呈现出来。按U键，可以展示层中所有关键帧动画信息。

◀：单击该按钮，可以跳转到上一个关键帧，其快捷键是J。

▶：单击该按钮，可以跳转到下一个关键帧，其快捷键是K。

🔍提 示

　　关键帧导航按钮仅针对本属性的关键帧进行导航，而快捷键J和K则可以针对画面中展现的所有关键帧进行导航，这是有区别的。

"在当前时间添加或移除关键帧"按钮◇：当前无关键帧状态，单击此按钮将生成关键帧。

"在当前时间添加或移除关键帧"按钮◆：当前已有关键帧状态，单击此按钮将删除关键帧。

4.4.5　选择关键帧

1. 选择单个关键帧

在"时间轴"面板中，展开某个含有关键帧的属性，用鼠标单击某个关键帧，此关键帧即被选中。

2. 选择多个关键帧

在"时间轴"面板中，按住Shift键的同时，逐个选择关键帧，即可完成多个关键帧的选择。

在"时间轴"面板中，用鼠标拖曳出一个选取框，选取框内的所有关键帧即被选中，如图4-52所示。

图4-52

3. 选择所有关键帧

单击图层属性名称，即可选中该属性的所有关键帧，如图4-53所示。

图4-53

4.4.6 编辑关键帧

1. 编辑关键帧值

在关键帧上双击鼠标，在弹出的对话框中进行设置，如图4-54所示。

图4-54

🔎 提示

不同的属性对话框中呈现的内容也会不同，图4-54所示是双击"位置"属性关键帧时弹出的对话框。

如果在"合成"面板或者"时间轴"面板中调整关键帧，就必须要选中当前关键帧，否则编辑关键帧操作将变成生成新的关键帧操作，如图4-55所示。

图4-55

🔎 提示

按住Shift键的同时，移动当前时间标签，当前时间标签将自动对齐最近的一个关键帧；如果按住Shift键的同时移动关键帧，关键帧将自动对齐当前时间标签。

同时改变某属性的几个或所有关键帧的值时，还需要同时选中几个或者所有关键帧，并确定当前时间标签刚好对齐被选中的某一个关键帧，再进行修改，如图4-56所示。

图4-56

2. 移动关键帧

选中单个或者多个关键帧，按住鼠标左键将其拖曳到目标时间位置即可。也可以在按住Shift键的同时，将关键帧锁定到当前时间标签位置。

3. 复制关键帧

复制关键帧可以避免一些重复性的操作，大大提高创作效率，但是在粘贴操作前一定要注意当前选择的目标图层、目标图层的目标属性及当前时间标签所在的位置，因为这是粘贴操作的重要依据。具体操作步骤如下。

（1）选中要复制的单个帧或多个关键帧，甚至是多个属性的多个关键帧，如图4-57所示。

图4-57

（2）选择"编辑 > 复制"命令，将选中的多个关键帧复制。选择目标图层，将时间标签移动到目标时间位置，如图4-58所示。

图4-58

（3）选择"编辑 > 粘贴"命令，将复制的关键帧粘贴，按U键显示所有关键帧，如图4-59所示。

图4-59

> 🔍 **提示**
>
> 关键帧的复制和粘贴不仅可以在本层属性执行，也可以将其粘贴到其他相同属性上。如果复制粘贴到本层或其他层的属性，那么两个属性的数据类型必须是一致的。例如，将某个二维层的"位置"动画信息复制粘贴到另一个二维层的"锚点"属性上，由于两个属性的数据类型是一致的（都是x轴向和y轴向的两个值），所以可以实现复制操作。只要粘贴之前，确定选中目标图层的目标属性即可，如图4-60所示。

图4-60

4. 删除关键帧

选中需要删除的单个或多个关键帧，选择"编辑>清除"命令，可以删除关键帧。

选中需要删除的单个或多个关键帧，按

Delete键，即可完成删除。

让当前时间帧对齐关键帧，关键帧面板中的添加或移除关键帧按钮呈现◆状态，单击此状态下的这个按钮将删除当前关键帧，或按Alt+Shift+属性快捷键，如Alt+Shift+P键。

如果要删除某属性的所有关键帧，则单击属性的名称选中全部关键帧，然后按Delete键；或者单击关键帧属性前的"关键帧自动记录器"按钮⊙，将其关闭，也起到删除关键帧的作用。

✐ 课堂练习——花开放

练习知识要点：使用"导入"命令，导入视频与图片；使用"缩放"属性缩放效果；使用"位置"属性改变形状的位置；使用"色阶"命令调整颜色；使用"启用时间重映射"命令，添加并编辑关键帧效果。花开放效果如图4-61所示。

效果所在位置：Ch04\花开放\花开放.aep。

图4-61

✐ 课后习题——水墨过渡效果

习题知识要点：使用"复合模糊"命令，制作快速模糊效果；使用"重置图"命令，制作置换效果；使用"不透明度"属性，添加关键帧并编辑不透明度；使用矩形工具▣，绘制蒙版形状效果。水墨过渡效果如图4-62所示。

效果所在位置：Ch04\水墨过渡效果\水墨过渡效果.aep。

图4-62

第 **5** 章

创建文字

本章简介

本章将讲解创建文字的方法，其中包括文字工具、文字层、文字特效等。通过学习本章内容，读者可以了解并掌握After Effects的文字创建方法和技巧。

课堂学习目标

◆ 掌握创建文字的方法
◆ 熟悉几种文字特效

技能目标

◆ 掌握"打字效果"的制作方法
◆ 掌握"烟飘文字"的制作方法

5.1 创建文字

在After Effects CC 2019中创建文字是非常方便的，有以下两种方法。

单击工具箱中的横排文字工具 **T**，如图5-1所示。

图5-1

选择"图层 > 新建 > 文字"命令，或按Ctrl+Alt+Shift+T组合键，如图5-2所示。

图5-2

5.1.1 课堂案例——打字效果

案例学习目标：学习输入并编辑文本。

案例知识要点：使用横排文字工具 **T**，输入并编辑文字；使用"应用动画预置"命令，制作打字动画。打字效果如图5-3所示。

效果所在位置：Ch05\5.1.1-打字效果\打字效果. aep。

图5-3

（1）按Ctrl+N组合键，弹出"合成设置"对话框，在"合成名称"文本框中输入"最终效果"，其他选项的设置如图5-4所示，单击"确定"按钮，创建一个新的合成"最终效果"。选择"文件 > 导入 > 文件"命令，在弹出的"导入文件"对话框中，选择学习资源中的"Ch05\5.1.1-打字效果\（Footage）\01.jpg"文件，单击"导入"按钮，将图片导入"项目"面板中，如图5-5所示，并将其拖曳到"时间轴"面板中。

图5-4

图5-5

（2）选择横排文字工具 **T**，在"合成"面板中输入文字"童年是欢乐的海洋，在童年的回忆中有无数的趣事，也有伤心的往事，我在那回忆的海岸寻觅着美丽的童真，找到了……"。选中文字，在"字符"面板中设置文字参数，如图5-6所示。"合成"面板中的效果如图5-7所示。

图5-6    图5-7

（3）选中"文字"层，将时间标签放置在第0秒的位置，选择"窗口 > 效果和预设"命令，打开"效果和预设"面板，单击"动画预设"文件夹左侧的小箭头按钮▶将其展开，双击"Text > Multi-line > 文字处理器"命令，如图5-8所示，应用效果。"合成"面板中的效果如图5-9所示。

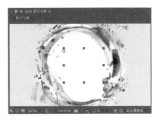

图5-8　　　　　　　　　图5-9

（4）选中"文字"层，按U键展开所有关键帧属性，如图5-10所示。将时间标签放置在第8秒3帧的位置，按住Shift键的同时，将第2个关键帧拖曳到时间标签所在的位置，并设置"滑块"选项的数值为100，如图5-11所示。

图5-10

图5-11

（5）打字效果制作完成，如图5-12所示。

图5-12

5.1.2　文字工具

工具箱中提供了创建文本的工具，包括横排文字工具 T 和直排文字工具 T，可以根据需要创建水平文字和垂直文字，如图5-13所示。在"字符"面板中可以设置字体类型、字号、颜色、字间距、行间距和比例关系等。在"段落"面板中可进行文本左对齐、中心对齐和右对齐等段落设置，如图5-14所示。

图5-13　　　　　　　　　图5-14

5.1.3　文字层

在菜单栏中选择"图层 > 新建 > 文字"命令，如图5-15所示，可以创建一个文字层。创建文字层后可以直接在面板中输入所需要的文字，如图5-16所示。

图5-15

图5-16

5.2　文字特效

After Effect CC 2019保留了旧版本中的一些文字特效，如基本文字和路径文字，这些特效主要用于创建一些单纯使用文字工具不能实现的效果。

5.2.1　课堂案例——烟飘文字

案例学习目标：学习编辑文字特效。

案例知识要点：使用横排文字工具 T，输入文字；使用"分形杂色"命令，制作背景效果；使用矩形工具 ，制作蒙版效果；使用"复合模糊"命令和"置换图"命令，制作烟飘效果。烟飘文字效果如图5-17所示。

效果所在位置：Ch05\5.2.1-烟飘文字\烟飘文字.aep。

图5-17

1. 输入文字与添加噪波

（1）按Ctrl+N组合键，弹出"合成设置"对话框，在"合成名称"文本框中输入"文字"，单击"确定"按钮，创建一个新的合成"文字"，如图5-18所示。

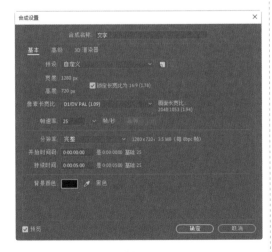

图5-18

（2）选择横排文字工具 T，在"合成"面板中输入文字"Urban Night"。选中文字，在"字符"面板中设置"填充颜色"为蓝色（其R、G、B的值分别为0、132、202），其他参数设置如图5-19所示。"合成"面板中的效果如图5-20所示。

图5-19　　　　　　　图5-20

（3）按Ctrl+N组合键，弹出"合成设置"对话框，在"合成名称"文本框中输入"噪波"，如图5-21所示，单击"确定"按钮，创建一个新的合成"噪波"。选择"图层 > 新建 > 纯色"命令，弹出"固态层设置"对话框，在"名称"文本框中输入文字"噪波"，将"颜色"设为灰色（其R、G、B的值均为135），单击"确定"按钮，在"时间轴"面板中新增一个灰色纯色层，如图5-22所示。

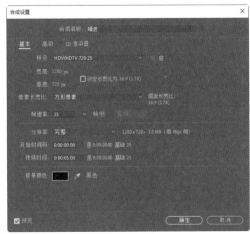

图5-21

图5-22

（4）选中"噪波"层，选择"效果 > 杂色和颗粒 > 分形杂色"命令，在"效果控件"面板中进行参数设置，如图5-23所示。"合成"面板中的效果如图5-24所示。

图5-23

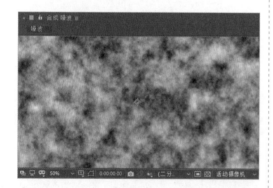

图5-24

（5）将时间标签放置在第0秒的位置，在"效果控件"面板中，单击"演化"选项左侧的"关键帧自动记录器"按钮，如图5-25所示，记录第1个关键帧。将时间标签放置在第4秒24帧的位置，在"效果控件"面板中，设置

"演化"选项的数值为3、0，如图5-26所示，记录第2个关键帧。

图5-25

图5-26

2. 添加蒙版效果

（1）选择矩形工具，在"合成"面板中拖曳鼠标绘制一个矩形蒙版，如图5-27所示。按F键，展开"蒙版羽化"属性，设置"蒙版羽化"选项的数值为140、140，如图5-28所示。

图5-27

图5-28

（2）将时间标签放置在第0秒的位置，选中"噪波"层，按两次M键，展开"蒙版"属性，单击"蒙版路径"选项左侧的"关键帧自动记录器"按钮，如图5-29所示，记录第1个蒙版路径关键帧。将时间标签放置在第4秒24帧的位置，选择选取工具，在"合成"面板中同时选中蒙版左侧的两个控制点，将控制点向右拖曳到适当的位置，如图5-30所示，记录第2个蒙版路径关键帧。

图5-29

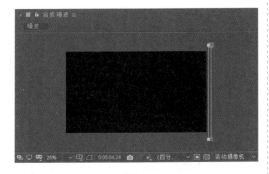

图5-30

（3）按Ctrl+N组合键，创建一个新的合成，命名为"噪波2"。选择"图层 > 新建 > 纯色"命令，新建一个灰色固态层，命名为"噪波2"。与前面制作合成"噪波"的步骤一样，添加"分形杂色"特效并添加关键帧。选择

"效果 > 颜色校正 > 曲线"命令，在"效果控件"面板中调节曲线的参数，如图5-31所示。调节后，"合成"面板中的效果如图5-32所示。

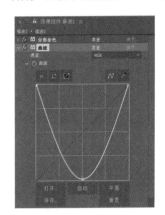

图5-31

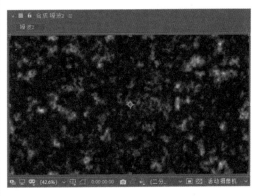

图5-32

（4）按Ctrl+N组合键，弹出"合成设置"对话框，在"合成名称"文本框中输入"最终效果"，单击"确定"按钮，创建一个新的合成"最终效果"，如图5-33所示。在"项目"面板中，分别选中"文字""噪波""噪波2"合成并将它们拖曳到"时间轴"面板中，层的排列如图5-34所示。

（5）选择"文件 > 导入 > 文件"命令，在弹出的"导入文件"对话框中，选择学习资源中的"Ch05\5.2.1-烟飘文字\(Footage)\01.mp4"文件，单击"导入"按钮，导入背景视频，并将其拖曳到"时间轴"面板中，如图5-35所示。

图5-33

图5-34

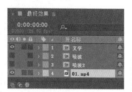

图5-35

（6）分别单击"噪波"层和"噪波2"层左侧的"眼睛"按钮◉，将层隐藏。选中"文字"层，选择"效果 > 模糊和锐化 > 复合模糊"命令，在"效果控件"面板中进行参数设置，如图5-36所示。"合成"面板中的效果如图5-37所示。

图5-36

图5-37

（7）在"效果控件"面板中，单击"最大模糊"选项左侧的"关键帧自动记录器"按钮◉，如图5-38所示，记录第1个关键帧。将时间标签放置在第4秒24帧的位置，在"效果控件"面板中，设置"最大模糊"选项的数值为0，如图5-39所示，记录第2个关键帧。

图5-38

图5-39

（8）选择"效果 > 扭曲 > 置换图"命令，在"效果控件"面板中进行参数设置，如图5-40所示。烟飘文字制作完成，效果如图5-41所示。

图5-40

图5-41

5.2.2 基本文字特效

基本文字特效用于创建文本或文本动画，可以指定文本的字体、样式、方向及对齐方式等，如图5-42所示。

基本文字特效还可以将文字创建在一个现有的图像层中，选择"在原始图像上合成"复选框，可以将文字与图像融合在一起，或者取消选择该选项，只使用文字。此外，该特效面板中还提供了位置、填充和描边、大小、字符间距等设置，如图5-43所示。

图5-42

图5-43

5.2.3 路径文字特效

路径文字特效用于制作字符沿某一条路径运动的动画效果。该特效对话框中提供了字体和样式设置，如图5-44所示。

图5-44

路径文字特效面板中还提供了信息及路径选项、填充和描边、字符、段落、高级等设置，如图5-45所示。

图5-45

5.2.4 编号

编号特效用于生成不同格式的随机数或序数，如小数、日期和时间码，甚至是当前日期和时间（在渲染时）。使用编号特效可以创建各种各样的计数器。序数的最大偏移是30，000。此效果适用于8-bpc 颜色。在"编号"对话框中可以设置字体、样式、方向和对齐方式等，如图5-46所示。

编号效果控件面板中还提供了格式、填充和描边、大小和字符间距等设置，如图5-47所示。

图5-46

图5-47

5.2.5 时间码特效

时间码特效主要用于在素材层中显示时间信息或者关键帧上的编码信息，还可以将时间码的信息译成密码并保存于层中以供显示。在时间码效果控件面板中可以设置显示格式、时间源、文本位置、文字大小和文字颜色等，如图5-48所示。

图5-48

课堂练习——飞舞数字流

练习知识要点：使用横排文字工具 **T**，输入并编辑文字；使用"导入"命令，导入文件；使用"Particular"命令，制作飞舞数字。飞舞数字流效果如图5-49所示。

效果所在位置：Ch05\飞舞数字流\飞舞数字流.aep。

图5-49

课后习题——运动模糊文字

习题知识要点：使用"导入"命令，导入素材；使用"镜头光晕"命令，添加光晕效果；使用"模式"选项，编辑图层的混合模式。运动模糊文字效果如图5-50所示。

效果所在位置：Ch05\运动模糊文字\运动模糊文字.aep。

图5-50

第 **6** 章

应用效果

本章简介

　　本章主要介绍After Effects中各种效果控制面板及其应用方式和参数设置，对有实用价值、存在一定难度的效果进行重点讲解。通过对本章的学习，读者可以快速了解并掌握After Effects效果制作的精髓部分。

课堂学习目标

◆ 熟悉效果的添加、复制、删除等方法
◆ 掌握After Effects中的各种常用效果

技能目标

◆ 掌握"闪白效果"的制作方法
◆ 掌握"水墨画效果"的制作方法
◆ 掌握"修复逆光影片"的方法
◆ 掌握"动感模糊文字"的制作方法
◆ 掌握"透视光芒"的制作方法
◆ 掌握"放射光芒"的制作方法
◆ 掌握"降噪"的方法
◆ 掌握"气泡效果"的制作方法
◆ 掌握"手绘效果"的制作方法

6.1 初步了解效果

After Effects软件本身自带了许多效果，包括音频、模糊和锐化、颜色校正、扭曲、键控、模拟、风格化和文字等。利用效果不仅能够对影片进行丰富的艺术加工，还可以提高影片的画面质量。

6.1.1 为图层添加效果

为图层添加效果的方法其实很简单，方式也有很多种，可以根据情况灵活应用。

在"时间轴"面板中选中想要添加效果的图层，选择"效果"命令中的各项效果命令即可。

在"时间轴"面板中，在想要添加效果的图层上单击鼠标右键，在弹出的菜单中选择"效果"中的各项命令即可。

选择"窗口 > 效果和预设"命令，或按Ctrl+5组合键，打开"效果和预设"面板，从分类中选中需要的效果，如图6-1所示，然后拖曳到"时间轴"面板中想要添加效果的图层上即可。

图6-1

在"时间轴"面板中选中想要添加效果的图层，然后选择"窗口 > 效果和预设"命令，打开"效果和预设"面板，双击分类中选择的效果即可。

对于图层来讲，一个效果常常是不能完全满足创作需要的。只有为图层添加多个效果，才可以制作出复杂而千变万化的效果。但是，对同一图层应用多个效果时，一定要注意上下顺序，因为顺序不同，可能会得到完全不同的画面效果，如图6-2和图6-3所示。

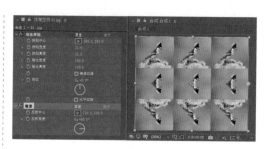

图6-2

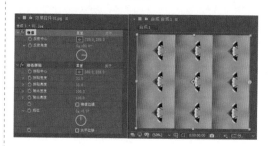

图6-3

改变效果顺序的方法也很简单，只要在"效果控件"面板或者"时间轴"面板中，上下拖曳所需要的效果到目标位置即可，如图6-4和图6-5所示。

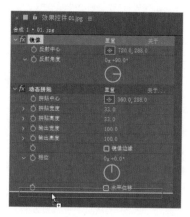

图6-4

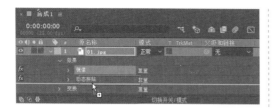

图6-5

6.1.2　调整、删除、复制和关闭效果

1. 调整效果

在为图层添加效果时，一般会自动将"效果控件"面板打开。如果没有打开该面板，可以通过选择"窗口 > 效果控件"命令，将"效果控件"面板打开。

After Effects中有多种效果，对效果进行调整的方法分为5种。

位置点定义：一般用来设置特效的中心位置。调整的方法有两种：一种是直接调整后面的参数值；另一种是单击 按钮，在"合成"预览面板中的合适位置单击鼠标，如图6-6所示。

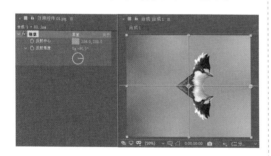

图6-6

调整数值：将鼠标指针放置在某个选项右侧的数值上，当鼠标指针变为 状时，上下拖曳鼠标可以调整数值，如图6-7所示；也可以直接在数值上单击将其激活，然后输入需要的数值。

调整滑块：通过左右拖曳滑块调整数值。不过需要注意的是，滑块并不能显示参数的极限值。如复合模糊滤镜，虽然在调整滑块时看到的调整范围是0~100，但是如果用直接输入数

值的方法调整，最大值则能输入4000，因此在滑块中看到的调整范围一般是常用的数值段，如图6-8所示。

图6-7

图6-8

颜色选取框：主要用于选取或者改变颜色，单击将会弹出图6-9所示的色彩选择对话框。

角度旋转器：一般与角度和圈数设置有关，如图6-10所示。

图6-9

图6-10

2. 删除效果

删除效果的方法很简单，只需要在"效果控件"面板或者"时间轴"面板中选择某个效果的名称，按Delete键即可删除。

3. 复制效果

如果只是在本图层中复制效果，只需要在"效果控件"面板或者"时间轴"面板中选中效果，按Ctrl+D组合键即可实现。

如果是将效果复制到其他图层使用，具体操作步骤如下。

（1）在"效果控件"面板或者"时间轴"面板中选中原图层的一个或多个效果。

（2）选择"编辑 > 复制"命令，或者按Ctrl+C组合键，完成效果复制操作。

（3）在"时间轴"面板中，选中目标图层，然后选择"编辑 > 粘贴"命令，或按Ctrl+V组合键，完成效果粘贴操作。

4. 暂时关闭效果

"效果控件"面板或者"时间轴"面板中有一个非常方便的开关fx，可以帮助用户暂时关闭某一个或某几个效果，使其不起作用，如图6-11和图6-12所示。

图6-11

图6-12

6.1.3　制作关键帧动画

1. 在"时间轴"面板中制作动画

（1）在"时间轴"面板中选择某图层，选择"效果 > 模糊和锐化 > 高斯模糊"命令，添加高斯模糊效果。

（2）按E键，展开效果属性，单击"高斯模糊"效果名称左侧的小箭头按钮▶，展开各项具体参数设置。

（3）单击"模糊度"选项左侧的"关键帧自动记录器"按钮⏱，生成一个关键帧，如图6-13所示。

（4）将当前时间标签移动到另一个时间位置，调整"模糊量"的数值，After Effects将自动生成第2个关键帧，如图6-14所示。

图6-13

图6-14

（5）按数字键盘上的0键，预览动画。

2. 在"效果控件"面板中制作关键帧动画

（1）在"时间轴"面板中选择某图层，选择"效果 > 模糊和锐化 > 高斯模糊"命令，添加高斯模糊效果。

（2）在"效果控件"面板中，单击"模糊度"选项左侧的"关键帧自动记录器"按钮⏱，如图6-15所示，或按住Alt键的同时，单击"模糊量"名称，生成第1个关键帧。

（3）将当前时间标签移动到另一个时间位置，在"效果控件"面板中，调整"模糊度"的数值，自动生成第2个关键帧。

图6-15

6.1.4 使用效果预设

当赋予效果预设时，在操作之前必须确定时间标签所处的时间位置，因为赋予的效果预设如果含有动画信息，将会以当前时间标签位置为动画的起始点，如图6-16和图6-17所示。

图6-16

图6-17

6.2 模糊和锐化

模糊和锐化效果用来使图像模糊和锐化。模糊效果是常用的效果之一，也是一种简便易行的改变画面视觉效果的方法。动态的画面需要"虚实结合"，这样即使是平面的合成，也能给人空间感和对比感，更能让人产生联想。另外，使用模糊可以提升画面的质量，有时很粗糙的画面经过处理后也会有良好的效果。

6.2.1 课堂案例——闪白效果

案例学习目标：学习使用多种模糊效果。

案例知识要点：使用"导入"命令，导入素材；使用"快速方框模糊"命令和"色阶"命令，制作图像闪白；使用"投影"命令，制作文字的投影效果；使用"效果和预设"命令，制作文字动画特效。闪白效果如图6-18所示。

效果所在位置：Ch06\6.2.1-闪白效果\闪白效果.aep。

图6-18

1. 导入素材

（1）按Ctrl+N组合键，弹出"合成设置"对话框，在"合成名称"文本框中输入"最终效果"，其他选项的设置如图6-19所示，单击"确定"按钮，创建一个新的合成"最终效果"。

图6-19

（2）选择"文件 > 导入 > 文件"命令，在弹出的"导入文件"对话框中，选择学习资源中的"Ch06 \6.2.1-闪白效果\ (Footage) \ 01.jpg ~ 07.jpg"文件，单击"导入"按钮，将图片导入"项目"面板中，如图6-20所示。

图6-20

（3）在"项目"面板中，选中"01.jpg ~ 05.jpg"文件，并将它们拖曳到"时间轴"面板中，图层的排列如图6-21所示。将时间标签放置在第3秒的位置，如图6-22所示。

图6-21

图6-22

（4）选中"01.jpg"层，按Alt+]组合键，设置动画的出点，"时间轴"面板如图6-23所示。用相同的方法分别设置"03.jpg" "04.jpg" "05.jpg"层的出点，"时间轴"面板如图6-24所示。

图6-23

图6-24

（5）将时间标签放置在第4秒的位置，如图6-25所示。选中"02.jpg"层，按Alt+]组合键，设置动画的出点，"时间轴"面板如图6-26所示。

图6-25

图6-26

（6）在"时间轴"面板中选中"01.jpg"层，按住Shift键的同时选中"05.jpg"层，两层中间的层将被选中。选择"动画 > 关键帧辅助 > 序列图层"命令，弹出"序列图层"对话框，取消勾选"重叠"复选框，如图6-27所示，单击"确定"按钮，每个图层依次排序，首尾相接，如图6-28所示。

图6-27

图6-28

（7）选择"图层 > 新建 > 调整图层"命令，在"时间轴"面板中新增一个调整层，如图6-29所示。

图6-29

2. 制作图像闪白

（1）选中"调整图层1"层，选择"效果 > 模糊和锐化 > 快速方框模糊"命令，在"效果控件"面板中进行参数设置，如图6-30所示。"合成"面板中的效果如图6-31所示。

图6-30

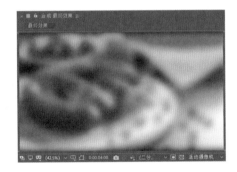

图6-31

（2）选择"效果 > 颜色校正 > 色阶"命令，在"效果控件"面板中进行参数设置，如图6-32所示。"合成"面板中的效果如图6-33所示。

图6-32

图6-33

图6-36

（3）将时间标签放置在第0秒的位置，在"效果控件"面板中，单击"快速方框模糊"效果中的"模糊半径"选项和"色阶"效果中的"直方图"选项左侧的"关键帧自动记录器"按钮◎，记录第1个关键帧，如图6-34所示。

图6-34

（4）将时间标签放置在第6帧的位置，在"效果控件"面板中，设置"模糊半径"选项的数值为0，"输入白色"选项的数值为255，如图6-35所示，记录第2个关键帧。"合成"面板中的效果如图6-36所示。

图6-35

（5）将时间标签放置在第2秒4帧的位置，按U键展开所有关键帧，如图6-37所示。单击"时间轴"面板中"模糊半径"选项和"直方图"选项左侧的"在当前时间添加或移除关键帧"按钮◎，记录第3个关键帧，如图6-38所示。

图6-37

图6-38

（6）将时间标签放置在第2秒14帧的位置，在"效果控件"面板中，设置"模糊半径"选项的数值为7，"输入白色"选项的数值为94，如图6-39所示，记录第4个关键帧。"合成"面板中的效果如图6-40所示。

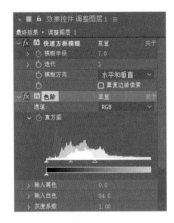

图6-39

图6-42

（8）将时间标签放置在第3秒18帧的位置，在"效果控件"面板中，设置"模糊半径"选项的数值为0，"输入白色"选项的数值为255，如图6-43所示，记录第6个关键帧。"合成"面板中的效果如图6-44所示。

（9）至此就制作完成了第1段素材与第2段素材之间的闪白动画。用同样的方法设置其他素材的闪白动画，如图6-45所示。

图6-43

图6-40

（7）将时间标签放置在第3秒8帧的位置，在"效果控件"面板中，设置"模糊半径"选项的数值为20，"输入白色"选项的数值为58，如图6-41所示，记录第5个关键帧。"合成"面板中的效果如图6-42所示。

图6-41

图6-44

图6-45

3. 编辑文字

（1）在"项目"面板中，选中"06.jpg"文件并将其拖曳到"时间轴"面板中，图层的排列如图6-46所示。将时间标签放置在第15秒23帧的位置，按Alt+ [组合键，设置动画的入点，"时间轴"面板如图6-47所示。

图6-46

图6-47

（2）将时间标签放置在第20秒的位置，选择横排文字工具 T，在"合成"面板中输入文字"爱上西餐厅"。选中文字，在"字符"面板中，设置"填充颜色"为青绿色（其R、G、B选项的值分别为76、244、255），在"段落"面板中设置对齐

图6-48

方式为文字居中，其他参数设置如图6-48所示。"合成"面板中的效果如图6-49所示。

图6-49

（3）选中"文字"层，把该图层拖曳到调整层的下面，选择"效果 > 透视 > 投影"命令，在"效果控件"面板中进行参数设置，如图6-50所示。"合成"面板中的效果如图6-51所示。

图6-50

图6-51

（4）将时间标签放置在第16秒16帧的位置，选择"窗口 > 效果和预设"命令，打开"效果和预设"面板，展开"动画预设"选项，双击"Text > Animate In > 解码淡入"选项，"文字"层会自动添加动画效果。"合成"面板中的效果如图6-52所示。

图6-52

（5）将时间标签放置在第18秒5帧的位置，选中"文字"层，按U键展开所有关键帧，按住Shift键的同时，拖曳第2个关键帧到时间标签所在的位置，如图6-53所示。

图6-53

（6）在"项目"面板中，选中"07.jpg"文件并将其拖曳到"时间轴"面板中，设置图层的混合模式为"屏幕"，图层的排列如图6-54所示。将时间标签放置在第18秒13帧的位置，选中"07.jpg"层，按Alt+ [组合键，设置动画的入点，"时间轴"面板如图6-55所示。

图6-54

图6-55

（7）选中"07.jpg"层，按P键，展开"位置"属性，设置"位置"选项的数值为1122、380，单击"位置"选项左侧的"关键帧自动记录器"按钮，如图6-56所示，记录第1个关键帧。将时间标签放置在第20秒的位置，设置"位置"选项的数值为-208、380，记录第2个关键帧，如图6-57所示。

图6-56

图6-57

（8）选中"07.jpg"层，按Ctrl+D组合键复制图层，按U键，展开所有关键帧，将时间标签放置在第18秒13帧的位置，设置"位置"选项的数值为159、380，如图6-58所示。将时间标签放置在第20秒的位置，设置"位置"选项的数值为1606、380，如图6-59所示。

图6-58

图6-59

（9）闪白效果制作完成，如图6-60所示。

图6-60

6.2.2　高斯模糊

高斯模糊效果用于模糊和柔化图像，可以去除杂点。高斯模糊能产生细腻的模糊效果，尤其是单独使用的时候，其参数如图6-61所示。

模糊度：调整图像的模糊程度。

模糊方向：设置模糊的方向，提供了水平和垂直、水平、垂直3种模糊方式。

高斯模糊效果演示如图6-62、图6-63和图6-64所示。

图6-61

图6-62

图6-63

图6-64

6.2.3　定向模糊

定向模糊也称之为方向模糊。这是一种十分具有动感的模糊效果，可以产生任何方向的运动视觉。当图层为草稿质量时，应用图像边缘的平均值；当图层为最高质量的时候，应用高斯模式的模糊，产生平滑、渐变的模糊效果，其参数如图6-65所示。

方向：调整模糊的方向。

模糊长度：调整滤镜的模糊程度，数值越大，模糊的程度也就越大。

定向模糊效果演示如图6-66、图6-67和图6-68所示。

图6-65

图6-66

图6-67

图6-68

6.2.4　径向模糊

径向模糊效果可以在图层中围绕特定点为图像增加移动或旋转模糊的效果，其参数如图6-69所示。

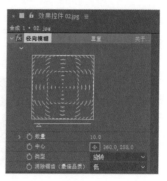

图6-69

数量：控制图像的模糊程度。模糊程度的大小取决于模糊量，在"旋转"类型下，模糊量表示旋转模糊程度；而在"缩放"类型下，模糊量表示缩放模糊程度。

中心：调整模糊中心点的位置。可以通过单击 ⬚ 按钮在视频窗口中指定中心点的位置。

类型：设置模糊的类型。其中提供了旋转和缩放两种模糊类型。

消除锯齿（最佳品质）：该功能只在图像的最高品质下起作用。

径向模糊效果演示如图6-70、图6-71和图6-72所示。

图6-70

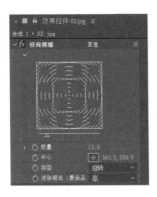

图6-71

图6-72

6.2.5　快速方框模糊

快速方框模糊效果用于设置图像的模糊程度，它和高斯模糊十分类似，而它在大面积应用的时候实现速度更快，效果更明显，其参数如图6-73所示。

模糊半径：用于设置模糊的程度。

迭代：设置模糊效果连续应用到图像的次数。

模糊方向：设置模糊的方向，有水平和垂直、水平、垂直3种方式。

重复边缘像素：勾选此复选框，可让边缘保持清晰度。

快速方框模糊效果演示如图6-74、图6-75和图6-76所示。

图6-73

图6-74

图6-75

图6-76

6.2.6　锐化

锐化效果用于锐化图像，在图像颜色发生变化的地方提高图像的对比度，其参数如图6-77所示。

锐化量：用于设置锐化的程度。

锐化效果演示如图6-78、图6-79和图6-80所示。

图6-77

图6-78

图6-79

图6-80

6.3 颜色校正

在视频制作过程中，对于画面颜色的处理是一项很重要的内容，有时直接影响效果的成败。颜色校正效果组下的众多效果可以用来对色彩不好的画面进行颜色的修正，也可以对色彩正常的画面进行颜色调节，使其更加精彩。

6.3.1 课堂案例——水墨画效果

案例学习目标：学习调整图像的色相/饱和度、亮度与对比度。

案例知识要点：使用"查找边缘"命令、"色相/饱和度"命令、"色阶"命令、"高斯模糊"命令制作水墨画效果。水墨画效果如图6-81所示。

效果所在位置：Ch06\6.3.1-水墨画效果\水墨画效果.aep。

图6-81

1. 导入并编辑素材

（1）按Ctrl+N组合键，弹出"合成设置"对话框，在"合成名称"文本框中输入"最终效果"，其他选项的设置如图6-82所示，单击"确定"按钮，创建一个新的合成"最终效果"。

（2）选择"文件 > 导入 > 文件"命令，在弹出的"导入文件"对话框中，选择学习资源中的"Ch06\6.3.1-水墨画效果\(Footage)\01.jpg、02.png"文件，单击"打开"按钮，将图片导入"项目"面板中，如图6-83所示。

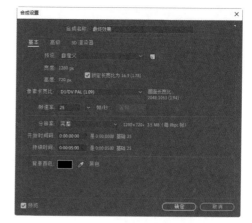

图6-82

图6-83

（3）在"项目"面板中，选中"01.jpg"文件并将其拖曳到"时间轴"面板中，如图6-84所示。按Ctrl+D组合键复制图层，单击复制图层左侧的"眼睛"按钮 👁，关闭该图层的可视性，如图6-85所示。

图6-84

图6-85

（4）选中"图层2"，选择"效果 > 风格化 > 查找边缘"命令，在"效果控件"面板中进行参数设置，如图6-86所示。"合成"面板中的效果如图6-87所示。

图6-86

图6-87

（5）选择"效果> 颜色校正 > 色相/饱和度"命令，在"效果控件"面板中进行参数设置，如图6-88所示。"合成"面板中的效果如图6-89所示。

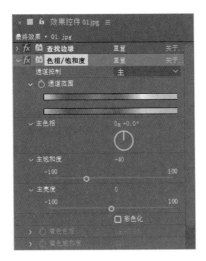

图6-88

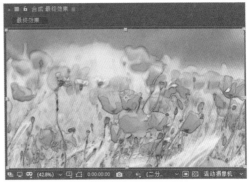

图6-89

（6）选择"效果 > 颜色校正 > 曲线"命令，在"效果控件"面板中调整曲线，如图6-90所示。"合成"面板中的效果如图6-91所示。

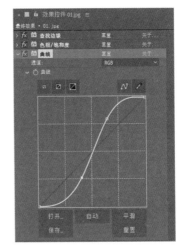

图6-90

图6-91

（7）选择"效果 > 模糊和锐化 > 高斯模糊"命令，在"效果控件"面板中进行参数设置，如图6-92所示。"合成"面板中的效果如图6-93所示。

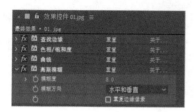

图6-92

图6-93

2. 制作水墨画效果

（1）在"时间轴"面板中，单击"图层1"层左侧的"眼睛"按钮◉，打开该图层的可视性。按T键，展开"不透明度"属性，设置"不透明度"选项的数值为70%，图层的混合模式为"相乘"，如图6-94所示。"合成"面板中的效果如图6-95所示。

图6-94

图6-95

（2）选择"效果 > 风格化 > 查找边缘"命令，在"效果控件"面板中进行参数设置，如图6-96所示。

"合成"面板中的效果如图6-97所示。

图6-96

图6-97

（3）选择"效果 > 颜色校正 > 色相/饱和度"命令，在"效果控件"面板中进行参数设置，如图6-98所示。"合成"面板中的效果如图6-99所示。

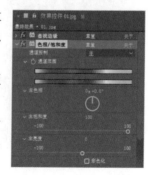

图6-98

图6-99

（4）选择"效果 > 颜色校正 > 曲线"命令，在"效果控件"面板中调整曲线，如图6-100所示。"合成"面板中的效果如图6-101所示。

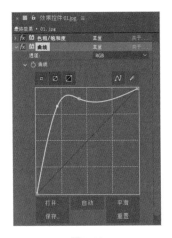

图6-100

图6-101

（5）选择"效果 > 模糊和锐化 > 快速方框模糊"命令，在"效果控件"面板中进行参数设置，如图6-102所示。"合成"面板中的效果如图6-103所示。

图6-102

图6-103

（6）在"项目"面板中，选中"02.png"文件并将其拖曳到"时间轴"面板中，按P键，展开"位置"属性，设置"位置"选项的数值为910、300，如图6-104所示。水墨画效果制作完成，如图6-105所示。

图6-104

图6-105

6.3.2 亮度和对比度

亮度和对比度效果用于调整画面的亮度和对比度，可以同时调整所有像素的高亮、暗部和中间色，操作简单且有效，但不能对单一通道进行调节。亮度和对比度效果的参数如图6-106所示。

亮度：用于调整亮度值。正值表示增加亮度，负值表示降低亮度。

对比度：用于调整对比度值。正值表示增加对比度，负值表示降低对比度。

亮度和对比度效果演示如图6-107、图6-108和图6-109所示。

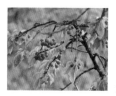

图6-106   图6-107

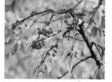

图6-108   图6-109

6.3.3 曲线

After Effects中的曲线控制与Photoshop中的曲线控制功能类似，可以对图像的各个通道进行控制，调节图像色调范围。可以用0~255的灰阶调节颜色。用色阶也可以完成同样的工作，但是曲线的控制能力更强。曲线效果控件是After Effects中非常重要的一个调色工具，如图6-110所示。

在曲线图表中，可以调整图像的阴影部分、中间色调区域和高亮区域。

图6-110

通道：用于选择进行调控的通道，可以选择RGB、红、绿、蓝和Alpha通道分别进行调控。需要在通道下拉列表中指定图像通道。

曲线：用来调整校正值，即输入（原始亮度）和输出的对比度。

曲线工具：选择曲线工具并单击曲线，可以在曲线上增加控制点。如果要删除控制点，可在曲线上选中要删除的控制点，将其拖曳至坐标区域外即可。按住鼠标左键拖曳控制点，可对曲线进行编辑。

铅笔工具：选择铅笔工具，可以在坐标区域中拖曳鼠标，绘制一条曲线。

"平滑"按钮：单击此按钮，可以平滑曲线。

"自动"按钮：单击此按钮，可以自动调整图像的对比度。

"打开"按钮：单击此按钮，可以打开存储的曲线调节文件。

"保存"按钮：单击此按钮，可以将调节完成的曲线存储为一个.amp或.acv文件，以供再次使用。

"重置"按钮：单击此按钮，可以将调整的曲线恢复至原始状态。

6.3.4 色相/饱和度

色相/饱和度效果用于调整图像的色调、饱和度和亮度，其参数如图6-111所示。

图6-111

通道控制：用于选择颜色通道。如果选择"主"通道，可对所有颜色应用效果；如果分别选择"红""黄""绿""青""蓝""品红"通道，则对所选颜色应用效果。

通道范围：显示颜色映射的谱线，用于控制通道范围。上面的色条表示调节前的颜色，下面的色条表示如何在全饱和状态下影响所有色相。调节单独的通道时，下面的色条会显示控制滑块。拖曳竖条可调节颜色范围，拖曳三角可调整羽化量。

主色相：控制所调节的颜色通道的色调，可利用颜色控制轮盘（代表色轮）改变总的色调。

主饱和度：用于调整主饱和度。通过调节滑块，控制所调节的颜色通道的饱和度。

主亮度：用于调整主亮度。通过调节滑块，控制所调节的颜色通道的亮度。

彩色化：勾选该复选框，可以将灰阶图转换为带有色调的双色图。

着色色相：通过颜色控制轮盘，控制彩色化图像后的色调。

着色饱和度：通过调节滑块，控制彩色化图像后的饱和度。

着色亮度：通过调节滑块，控制彩色化图像后的亮度。

> 🔍 **提示**
>
> 色相/饱和度效果是After Effects里非常重要的一个调色命令，在更改对象色相属性时很方便。在调节颜色的过程中，可以使用色轮来预测一个颜色成分中的更改是如何影响其他颜色的，并了解这些更改如何在RGB色彩模式间转换。

色相/饱和度效果演示如图6-112、图6-113和图6-114所示。

图6-112

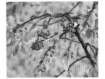

图6-113　　　　图6-114

6.3.5 课堂案例——修复逆光影片

案例学习目标：学习使用色阶调整图片。

案例知识要点：使用"导入"命令导入视频，使用"色阶"命令和"颜色平衡"命令修改视频。修复好的逆光影片效果如图6-115所示。

效果所在位置：Ch06\6.3.5-修复逆光影片\修复逆光影片.aep。

图6-115

（1）按Ctrl+N组合键，弹出"合成设置"对话框，在"合成名称"文本框中输入"最终效果"，其他选项的设置如图6-116所示，单击"确定"按钮，创建一个新的合成"最终效果"。

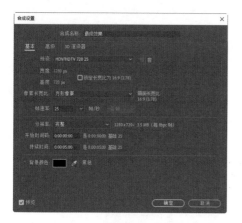

图6-116

（2）选择"文件 > 导入 > 文件"命令，在弹出的"导入文件"对话框中，选择学习资源中的"Ch06\6.3.5-修复逆光影片\(Footage)\01.mp4"文件，单击"打开"按钮，导入视频文件并将其拖曳到"时间轴"面板中，如图6-117所示。

图6-117

（3）选中"01.mp4"层，按S键，展开"缩放"属性，设置"缩放"选项的数值为67、67%，如图6-118所示。"合成"面板中的效果如图6-119所示。

图6-118

图6-119

（4）选择"效果 > 颜色校正 > 色阶"命令，在"效果控件"面板中进行参数设置，如图6-120所示。"合成"面板中的效果如图6-121所示。

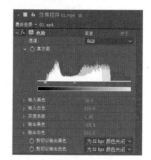

图6-120

图6-121

（5）选择"效果 > 颜色校正 > 颜色平衡"命令，在"效果控件"面板中进行设置，如图6-122所示。逆光影片修复完成，如图6-123所示。

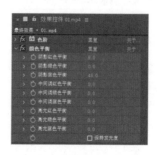

图6-122

图6-123

6.3.6 颜色平衡

颜色平衡效果用于调整图像的色彩平衡。通过对图像的红、绿、蓝通道分别进行调节，可调节颜色在暗部、中间色调和高亮部分的强度，如图6-124所示。

图6-124

阴影红色/绿色/蓝色平衡：用于调整RGB的阴影范围平衡。

中间调红色/绿色/蓝色平衡：用于调整RGB的中间亮度范围平衡。

高光红色/绿色/蓝色平衡：用于调整RGB的高光范围平衡。

保持发光度：该选项用于保持图像的平均亮度，以此来保持图像的整体平衡。

颜色平衡效果演示如图6-125、图6-126和图6-127所示。

图6-125

图6-126

图6-127

6.3.7 色阶

色阶效果用于将输入的颜色范围重新映射到输出的颜色范围，还可以改变Gamma校正曲线。色阶主要用于基本的影像质量调整，其参数如图6-128所示。

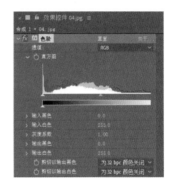

图6-128

通道：用于选择要进行调控的通道。可以选择RGB通道、Red通道、Green通道、Blue通道和Alpha通道分别进行调控。

直方图：可以通过该图了解到像素在图像中的分布情况。水平方向表示亮度值，垂直方向表示该亮度值的像素值。像素值不会比输入黑色值更低，也不会比输入白色值更高。

输入黑色：用于限定输入图像黑色值的阈值。

输入白色：用于限定输入图像白色值的阈值。

灰度系数：用于设置确定输出图像明亮度

值分布的功率曲线的指数。

输出黑色：用于限定输出图像黑色值的阈值，输出黑色在图下方灰阶条中。

输出白色：用于限定输出图像白色值的阈值，输出白色在图下方灰阶条中。

剪切以输出黑色和剪切以输出白色：用于确定明亮度值小于"输入黑色"值或大于"输入白色"值的像素的结果。

色阶效果演示如图6-129、图6-130和图6-131所示。

图6-129

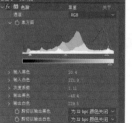

图6-130

图6-131

6.4　生成

生成效果组里包含很多效果，可以创造一些原画面中没有的效果，这些效果在动画制作中有着广泛的应用。

6.4.1　课堂案例——动感模糊文字

案例学习目标：学习使用镜头光晕效果。

案例知识要点：使用"卡片擦除"命令，制作动感文字；使用"定向模糊"命令、"色阶"命令、"Shine"命令，制作文字发光效果并改变发光颜色；使用"镜头光晕"命令，添加镜头光晕效果。动感模糊文字效果如图6-132所示。

效果所在位置：Ch06\6.4.1-动感模糊文字\动感模糊文字.aep。

图6-132

1. 输入文字

（1）按Ctrl+N组合键，弹出"合成设置"对话框，在"合成名称"文本框中输入"最终效果"，其他选项的设置如图6-133所示，单击"确定"按钮，创建一个新的合成"最终效果"。

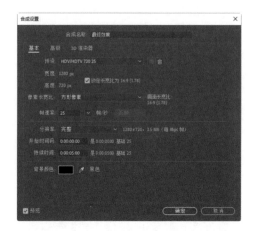

图6-133

（2）选择"文件 > 导入 > 文件"命令，在弹出的"导入文件"对话框中，选择学习资源中的"Ch06 \6.4.1-动感模糊文字\ (Footage) \ 01.mp4"文件，单击"导入"按钮，将视频导入"项目"面板中，如图6-134所示，并将其拖曳到"时间轴"面板中。

（3）选择横排文字工具█，在"合成"面板中输入文字"博文学佳教育"。选中文字，在"字符"面板中，设置"填充颜色"为蓝色（其R、G、B的值分别为182、193、0），其他参数设置如图6-135所示。"合成"面板中的效果如图6-136所示。

图6-134　　　　图6-135

图6-136

2. 添加文字特效

（1）选中"文字"层，选择"效果> 过渡 > 卡片擦除"命令，在"效果控件"面板中进行参数设置，如图6-137所示。"合成"面板中的效果如图6-138所示。

图6-137

（2）将时间标签放置在第0秒的位置。在"效果控件"面板中，单击"过渡完成"选项左侧的"关键帧自动记录器"按钮█，如图6-139所示，记录第1个关键帧。

图6-138

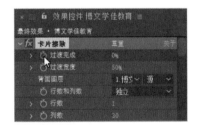

图6-139

（3）将时间标签放置在第2秒的位置，在"效果控件"面板中，设置"过渡完成"选项的数值为100%，如图6-140所示，记录第2个关键帧。"合成"面板中的效果如图6-141所示。

图6-140

图6-141

（4）将时间标签放置在第0秒的位置，在"效果控件"面板中，展开"摄像机位置"选项，设置"Y轴旋转"选项的数值为100、0，"Z位置"选项的数值为1。分别单击"摄像机位置"下的"Y轴旋转"和"Z位置"，"位置抖动"下的"X抖动量"和"Z抖动量"选项前面的"关键帧自动记录器"按钮，如图6-142所示。

图6-142

（5）将时间标签放置在第2秒的位置，设置"Y轴旋转"选项的数值为0、0，"Z位置"选项的数值为2，"X抖动量"选项的数值为0，"Z抖动量"选项的数值为0，如图6-143所示。"合成"面板中的效果如图6-144所示。

图6-143

图6-144

3. 添加文字动感效果

（1）选中"文字"层，按Ctrl+D组合键复制图层，如图6-145所示。在"时间轴"面板中，设置新复制层的混合模式为"相加"，如图6-146所示。

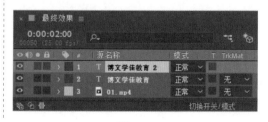

图6-145

图6-146

（2）选中"博文学佳教育 2"层，选择
"效果 > 模糊和锐化 > 定向模糊"命令，在"效
果控件"面板中进行参数设置，如图6-147所示。
"合成"面板中的效果如图6-148所示。

图6-147

图6-148

（3）将时间标签放置在第0秒的位置，在
"效果控件"面板中，单击"模糊长度"选项
左侧的"关键帧自动记录器"按钮，记录第1
个关键帧。将时间标签放置在第1秒的位置，在
"效果控件"面
板中，设置"模
糊长度"选项的
数值为100，如图

图6-149

6-149所示，记录第2个关键帧。"合成"面板中
的效果如图6-150所示。

图6-150

（4）将时间标签放置在第2秒的位置，按
U键，展开"博文学佳教育 2"层中的所有关键
帧，单击"模糊长度"选项左侧的"在当前时
间添加或移除关键帧"按钮，记录第3个关键
帧，如图6-151所示。

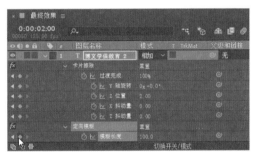

图6-151

（5）将时间标签放置在第2秒5帧的位置，在
"效果控件"面板中，设置"模糊长度"选项的
数值为150，如图6-152所示，记录第4个关键帧。

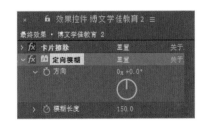

图6-152

（6）选择"效果 > 颜色校正 > 色阶"命令，在"效果控件"面板中进行参数设置，如图6-153所示。选择"效果 > Trapcode > Shine"命令，在"效果控件"面板中进行参数设置，如图6-154所示。"合成"面板中的效果如图6-155所示。

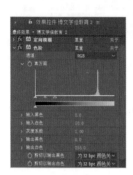

图6-153　　　　　图6-154

图6-155

（7）在当前合成中建立一个新的黑色纯色层"遮罩"。按P键，展开"位置"属性，将时间标签放置在第2秒的位置，设置"位置"选项的数值为640、360，单击"位置"选项左侧的"关键帧自动记录器"按钮◎，如图6-156所示，记录第1个关键帧。将时间标签放置在第3秒的位置，设置"位置"选项的数值为1560、360，如图6-157所示，记录第2个关键帧。

图6-156

图6-157

（8）选中"博文学佳教育 2"图层，将层的"T轨道蒙版"选项设置为"Alpha遮罩'蒙版'"，如图6-158所示。"合成"面板中的效果如图6-159所示。

图6-158

图6-159

4. 添加镜头光晕

（1）将时间标签放置在第2秒的位置，在当前合成中建立一个新的黑色纯色层"光晕"，如图6-160所示。在"时间轴"面板中，设置"光晕"层的混合模式为"相加"，如图6-161所示。

图6-160

图6-161

（2）选中"光晕"层，选择"效果 > 生成 > 镜头光晕"命令，在"效果控件"面板中进行参数设置，如图6-162所示。"合成"面板中的效果如图6-163所示。

图6-162

图6-163

（3）在"效果控件"面板中，单击"光晕中心"选项左侧的"关键帧自动记录器"按钮

⏱，如图6-164所示，记录第1个关键帧。将时间标签放置在第3秒的位置，在"效果控件"面板中，设置"光晕中心"选项的数值为1280、360，如图6-165所示，记录第2个关键帧。

图6-164

图6-165

（4）选中"光晕"层，将时间标签放置在第2秒的位置，按Alt+ [组合键设置入点，如图6-166所示。将时间标签放置在第3秒的位置，按Alt+] 组合键设置出点，如图6-167所示。动感模糊文字效果制作完成。

图6-166

图6-167

6.4.2　高级闪电

高级闪电效果可以用来模拟真实的闪电和放电效果，并自动设置动画，其参数设置如图6-168所示。

闪电类型：设置闪电的种类。

源点：闪电的起始位置。

方向：闪电的结束位置。

传导率状态：设置闪电的主干变化。

核心半径：设置闪电主干的宽度。

核心不透明度：设置闪电主干的不透明度。

核心颜色：设置闪电主干的颜色。

发光半径：设置闪电光晕的大小。

发光不透明度：设置闪电光晕的不透明度。

发光颜色：设置闪电光晕的颜色。

Alpha障碍：设置闪电障碍的大小。

湍流：设置闪电的流动变化。

分叉：设置闪电的分叉数量。

衰减：设置闪电的衰减数量。

主核心衰减：设置闪电的主核心衰减量。

在原始图像上合成：勾选此选项可以直接针对图片设置闪电。

复杂度：设置闪电的复杂程度。

最小分叉距离：设置分叉之间的距离。值越大，分叉越少。

终止阈值：该值越小，闪电越容易终止。

仅主核心碰撞：选中该复选框，只有主核心会受到Alpha障碍的影响，从主核心衍生出的分叉不会受到影响。

分形类型：设置闪电主干的线条样式。

核心消耗：设置闪电主干的渐隐结束。

分叉强度：设置闪电分叉的强度。

分叉变化：设置闪电分叉的变化。

高级闪电效果演示如图6-169、图6-170和图6-171所示。

图6-168　　　　　　　　　　图6-169

图6-170　　　　　　　　　　图6-171

6.4.3　镜头光晕

镜头光晕效果可以模拟镜头拍摄发光的物体时，由于经过多片镜头所产生的很多光环效果，这是后期制作中经常用来提升画面效果的方法，其参数如图6-172所示。

光晕中心：设置发光点的中心位置。

光晕亮度：设置光晕的亮度。

镜头类型：选择镜头的类型，有50-300毫米变焦、35毫米定焦和105毫米定焦3种类型。

与原始图像混合：设置和原素材图像的混合程度。

镜头光晕效果演示如图6-173、图6-174和图6-175所示。

图6-172　　　　　　　图6-173

图6-174　　　　　　　图6-175

6.4.4　课堂案例——透视光芒

案例学习目标：学习使用单元格图案效果。

案例知识要点：使用"单元格图案"命令、"亮度和对比度"命令、"快速方框模糊"命令、"发光"命令，制作光芒形状；使用"3D图层"编辑透视效果。透视光芒效果如图6-176所示。

效果所在位置：Ch06\6.4.4-透视光芒\透视光芒.aep。

图6-176

1. 编辑单元格形状

（1）按Ctrl+N组合键，弹出"合成设置"对话框，在"合成名称"文本框中输入"最终效果"，其他选项的设置如图6-177所示，单击"确定"按钮，创建一个新的合成"最终效果"。

（2）选择"文件 > 导入 > 文件"命令，

在弹出的"导入文件"对话框中，选择学习资源中的"Ch06\6.4.4-透视光芒\(Footage)\01.jpg"文件，单击"打开"按钮，导入图片。在"项目"面板中选中"01.jpg"文件并将其拖曳到"时间轴"面板中，如图6-178所示。

（3）选择"图层 > 新建 > 纯色"命令，弹出"纯色设置"对话框，在"名称"文本框中输入"光芒"，将"颜色"设置为黑色，单击"确定"按钮，在"时间轴"面板中新增一个黑色纯色层，如图6-179所示。

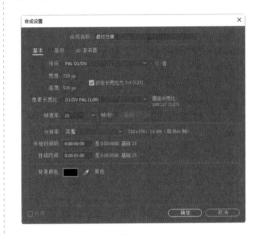

图6-177

图6-178　　　　　　　图6-179

（4）选中"光芒"层，选择"效果 > 生成 > 单元格图案"命令，在"效果控件"面板中进行参数设置，如图6-180所示。"合成"面板中的效果如图6-181所示。

图6-180

图6-181

（5）在"效果控件"面板中，单击"演化"选项左侧的"关键帧自动记录器"按钮🔘，如图6-182所示，记录第1个关键帧。将时间标签放置在第9秒24帧的位置，在"效果控件"面板中，设置"演化"选项的数值为7、0，如图6-183所示，记录第2个关键帧。

图6-182　　　　　图6-183

（6）选择"效果 > 颜色校正 > 亮度和对比度"命令，在"效果控件"面板中进行参数设置，如图6-184所示。"合成"面板中的效果如图6-185所示。

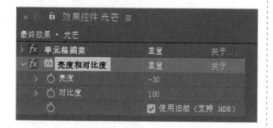

图6-184

图6-185

（7）选择"效果 > 模糊和锐化 > 快速方框模糊"命令，在"效果控件"面板中进行参数设置，如图6-186所示。"合成"面板中的效果如图6-187所示。

图6-186

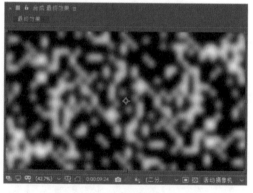

图6-187

（8）选择"效果 > 风格化 > 发光"命令，在"效果控件"面板中，设置"颜色A"为黄色（其R、G、B的值分别为255、228、0），"颜色B"为红色（其R、G、B的值分别为255、0、0），其他参数设置如图6-188所示。"合成"面板中的效果如图6-189所示。

图6-188

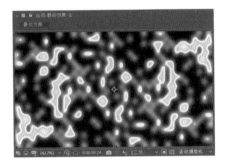

图6-189

2. 添加透视效果

（1）选择矩形工具■，在"合成"面板中拖曳鼠标绘制一个矩形蒙版。选中"光芒"层，按两次M键，展开蒙版属性，设置"蒙版不透明度"选项的数值为100%，"蒙版羽化"选项的数值为233、233，如图6-190所示。"合成"面板中的效果如图6-191所示。

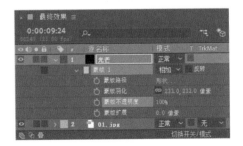

图6-190

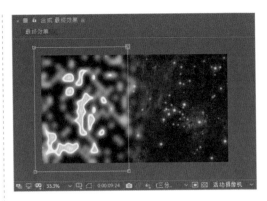

图6-191

（2）选择"图层 > 新建 > 摄像机"命令，弹出"摄像机设置"对话框，在"名称"文本框中输入"摄像机1"，其他选项的设置如图6-192所示，单击"确定"按钮，在"时间轴"面板中新增一个摄像机层，如图6-193所示。

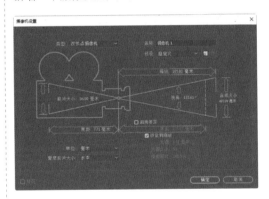

图6-192

图6-193

（3）将时间标签放置在第0秒的位置，选中"光芒"层，单击"光芒"层右侧的"3D图层"按钮，打开三维属性，设置"变换"选项，如图6-194所示。"合成"面板中的效果如图6-195所示。

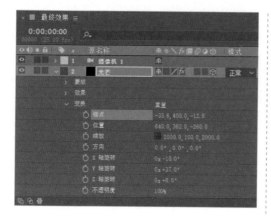

图6-194

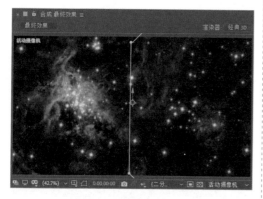

图6-195

（4）单击"锚点"选项左侧的"关键帧自动记录器"按钮 ◎ ，如图6-196所示，记录第1个关键帧。将时间标签放置到第9秒24帧的位置。设置"锚点"选项的数值为884.3、400、-12.5，记录第2个关键帧，如图6-197所示。

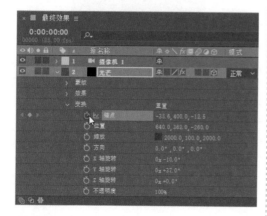

图6-196

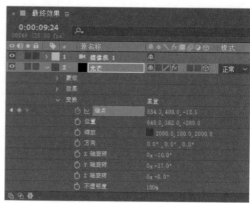

图6-197

（5）在"时间轴"面板中，设置"光芒"层的混合模式为"线性减淡"，如图6-198所示。透视光芒效果制作完成，如图6-199所示。

图6-198

图6-199

6.4.5 单元格图案

单元格图案效果可以创建多种类型的类似细胞图案的单元图案拼合效果，其参数如图6-200所示。

单元格图案：选择图案的类型，包括"气泡""晶体""印板""静态板""晶格化""枕状""晶体HQ""印板HQ""静态板HQ""晶格化HQ""混合晶体""管状"。

反转：反转图案效果。

对比度：设置单元格的颜色对比度。

溢出：包括"剪切""柔和固定""反绕"。

分散：设置图案的分散程度。

大小：设置单个图案的大小。

偏移：设置图案偏离中心点的量。

平铺选项：在该选项下勾选"启用平铺"复选框后，可以设置水平单元格和垂直单元格的数值。

演化：为这个参数设置关键帧，可以记录运动变化的动画效果。

演化选项：设置图案的各种扩展变化。

循环（旋转次数）：设置图案的循环次数。

随机植入：设置图案的随机速度。

单元格图案效果演示如图6-201、图6-202和图6-203所示。

图6-200　　　　　　　　图6-201　　　　　　　　图6-202　　　　　　　　图6-203

6.4.6 棋盘

棋盘效果能在图像上创建棋盘格的图案效果，如图6-204所示。

锚点：设置棋盘格的位置。

大小依据：选择棋盘的尺寸类型，包括"角点""宽度滑块""宽度和高度滑块"3种类型。

边角：只有在"大小依据"中选中"角点"选项，才能激活此选项。

宽度：只有在"大小依据"中选中"宽度滑块"或"宽度和高度滑块"选项，才能激活此选项。

高度：只有在"大小依据"中选中"宽度滑块"或"宽度和高度滑块"选项，才能激活此选项。

羽化：设置棋盘格水平或垂直边缘的羽化程度。

颜色：选择格子的颜色。

不透明度：设置棋盘的不透明度。

混合模式：设置棋盘与原图的混合方式。

棋盘格效果演示如图6-205、图6-206和图6-207所示。

图6-204   图6-205   图6-206   图6-207

6.5 ▶ 扭曲

扭曲效果组主要用来对图像进行扭曲变形，是很重要的一类画面效果，可以对画面的形状进行校正，也可以使正常的画面变形为特殊的效果。

6.5.1 课堂案例——放射光芒

案例学习目标：学习使用扭曲效果组制作放射的光芒效果。

案例知识要点：使用"分形杂色"命令、"定向模糊"命令、"色相/饱和度"命令、"发光"命令、"极坐标"命令，制作光芒效果。放射光芒效果如图6-208所示。

效果所在位置：Ch06\6.5.1-放射光芒\放射光芒.aep。

图6-208

（1）按Ctrl+N组合键，弹出"合成设置"对话框，在"合成设置"文本框中输入"最终效果"，其他选项的设置如图6-209所示，单击"确定"按钮，创建一个新的合成"最终效果"。

图6-209

（2）选择"文件 > 导入 > 文件"命令，在弹出的"导入文件"对话框中，选择学习资源中的"Ch06\6.5.1-放射光芒\(Footage)\01.mp4"文件，单击"打开"按钮，将视频导入"项目"面板中，如图6-210所示。

图6-210

（3）在"项目"面板中，选中"01.mp4"文件，将其拖曳到"时间轴"面板中，按S键，展开"缩放"属性，设置"缩放"选项的数值为67、67%，如图6-211所示。"合成"面板中的效果如图6-212所示。

图6-211

图6-212

（4）选择"图层 > 新建 > 纯色"命令，弹出"纯色设置"对话框，在"名称"文本框中输入"放射光芒"，将"颜色"设置为黑色，单击"确定"按钮，在"时间轴"面板中新增一个黑色纯色层，如图6-213所示。

（5）选中"放射光芒"层，选择"效果 > 杂波和颗粒 > 分形杂色"命令，在"效果控件"面板中进行参数设置，如图6-214所示。"合成"面板中的效果如图6-215所示。

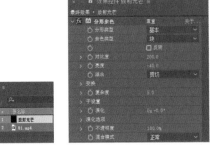

图6-213　　　　　　　　图6-214

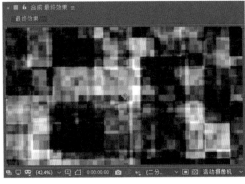

图6-215

（6）将时间标签放置在第0秒的位置，在"效果控件"面板中，单击"演化"选项左侧的"关键帧自动记录器"按钮，如图6-216所示，记录第1个关键帧。将时间标签放置在第4秒24帧的位置，在"效果控件"面板中，设置"演化"选项的数值为10、0，如图6-217所示，记录第2个关键帧。

图6-216

图6-217

（7）将时间标签放置在第0秒的位置，选中"放射光芒"层，选择"效果 > 模糊和锐化 > 定向模糊"命令，在"效果控件"面板中进行参数设置，如图6-218所示。"合成"面板中的效果如图6-219所示。

图6-218

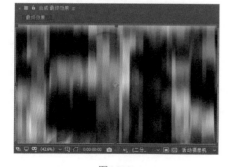

图6-219

（8）选择"效果 > 颜色校正 > 色相/饱和度"命令，在"效果控件"面板中进行参数设置，如图6-220所示。"合成"面板中的效果如图6-221所示。

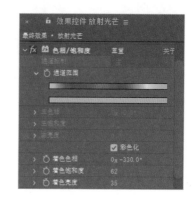

图6-220

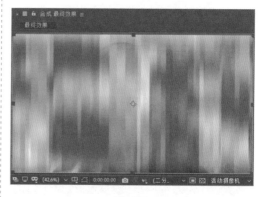

图6-221

（9）选择"效果 > 风格化 > 发光"命令，在"效果控件"面板中，设置"颜色A"为蓝色（其R、G、B的值分别为36、98、255），设置"颜色B"为黄色（其R、G、B的值分别为255、234、0），其他参数的设置如图6-222所示。"合成"面板中的效果如图6-223所示。

图6-222

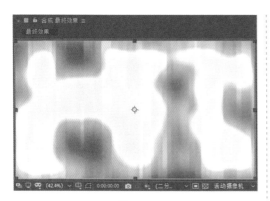

图6-223

（10）选择"效果 > 扭曲 > 极坐标"命令，在"效果控件"面板中进行参数设置，如图6-224所示。"合成"面板中的效果如图6-225所示。

图6-224

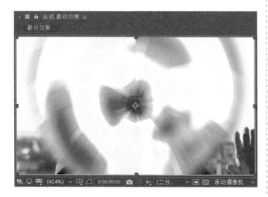

图6-225

（11）在"时间轴"面板中，选中"放射光芒"层，按S键，展开"缩放"属性，设置"缩放"选项的数值为65、65%；按住Shift键的同时，按T键，展开"不透明度"属性，设置"不透明度"选项的数值为75%；按住Shift键的

同时，按P键，展开"位置"属性，设置"位置"选项的数值为647、386，如图6-226所示。放射光芒效果制作完成，如图6-227所示。

图6-226

图6-227

6.5.2 凸出

凸出效果可以模拟图像透过气泡或放大镜时所产生的放大效果，其参数如图6-228所示。

水平半径：膨胀效果的水平半径大小。

垂直平径：膨胀效果的垂直半径大小。

凸出中心：膨胀效果的中心定位点。

凸出高度：设置膨胀的程度。正值为膨胀，负值为收缩。

锥形半径：用来设置膨胀边界的锐利程度。

消除锯齿（仅最佳品质）：反锯齿设置，只用于最高质量。

固定所有边缘：勾选该选项，可固定住所有边界。

凸出效果演示如图6-229、图6-230和图6-231所示。

图6-228

图6-229

图6-230

图6-231

6.5.3　边角定位

边角定位效果通过改变4个角的位置来使图像变形，可根据需要来定位。该效果可以拉伸、收缩、倾斜和扭曲图形，也可以用来模拟透视效果，还可以和运动遮罩层相结合，形成画中画的效果，其参数如图6-232所示。

左上：左上定位点。

右上：右上定位点。

左下：左下定位点。

右下：右下定位点。

边角定位效果演示如图6-233所示。

图6-232

图6-233

6.5.4　网格变形

网格变形效果使用网格化的曲线切片控制图像的变形区域。对于网格变形效果的控制，确定好网格数量之后，更多的是在合成图像中通过鼠标拖曳网格的节点来完成，其参数如图6-234所示。

行数：用于设置行数。

列数：用于设置列数。

品质：用于设置图像遵循曲线定义的形状近似程度。

扭曲网格：用于制作扭曲动画。

网格变形效果演示如图6-235、图6-236和图6-237所示。

图6-234

图6-235

图6-236

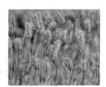

图6-237

6.5.5　极坐标

极坐标效果用来将图像的直角坐标转化为极坐标，以产生扭曲效果，其参数如图6-238所示。

插值：设置扭曲程度。

转换类型：设置转换类型。"极线到矩形"表示将极坐标转化为直角坐标，"矩形到极线"表示将直角坐标转化为极坐标。

极坐标效果演示如图6-239、图6-240和图6-241所示。

图6-238

图6-239

图6-240 　　　　　图6-241

6.5.6 置换图

置换图效果是用另一张作为映射层的图像的像素来置换原图像的像素，通过映射的像素颜色值对本层变形，变形方向有水平和垂直两个方向，其参数如图6-242所示。

置换图层：选择作为映射层的图像名称。

用于水平置换/用于垂直置换：调节水平或垂直方向的通道。

最大水平置换/最大垂直置换：调节映射层的水平或垂直位置。在水平方向上，数值为负数表示向左移动，数值为正数表示向右移动；在垂直方向上，数值为负数表示向下移动，数值为正数表示向上移动。默认数值范围为-100~100，最大数值范围为-32000~3200。

置换图特性：用于选择映射方式。

边缘特性：设置边缘行为。

像素回绕：锁定边缘像素。

扩展输出：使某效果伸展到原图像边缘外。

置换图效果演示如图6-243、图6-244和图6-245所示。

图6-242 　　　图6-243 　　　图6-244 　　　图6-245

6.6 杂波和颗粒

杂波和颗粒效果组可以为素材设置杂波或颗粒效果，通过它可分散素材或使素材的形状产生变化。

6.6.1 课堂案例——降噪

案例学习目标：学习使用杂波和颗粒效果制作降噪效果。

案例知识要点：使用"移除颗粒"命令、"色阶"命令，修饰照片；使用"曲线"命令，调整图片曲线。降噪效果如图6-246所示。

效果所在位置：Ch06\6.6.1-降噪\降噪.aep。

图6-246

（1）按Ctrl+N组合键，弹出"合成设置"对话框，在"合成名称"文本框中输入"最终效果"，其他选项的设置如图6-247所示，单击"确定"按钮，创建一个新的合成"最终效果"。

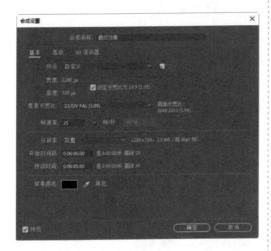

图6-247

（2）选择"文件 > 导入 > 文件"命令，在弹出的"导入文件"对话框中，选择学习资源中的"Ch06\6.6.1-降噪\(Footage)\01.jpg"文件，单击"导入"按钮，将素材导入"项目"面板中。并将其拖曳到"时间轴"面板中，如图6-248所示。

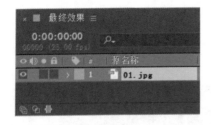

图6-248

（3）选中"01.jpg"层，选择"效果 > 杂波和颗粒 > 移除颗粒"命令，在"效果控件"面板中进行参数设置，如图6-249所示。"合成"面板中的效果如图6-250所示。

图6-249

图6-250

（4）在"效果控件"面板中的"查看模式"下拉列表中选择"最终输出"选项，如图6-251所示。"合成"面板中的效果如图6-252所示。

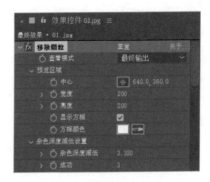

图6-251

图6-252

（5）选择"效果 > 颜色校正 > 色阶"命令，在"效果控件"面板中进行参数设置，如图6-253所示。"合成"面板中的效果如图6-254所示。

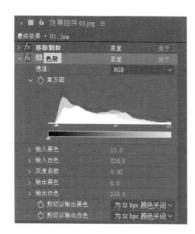

图6-253

图6-254

（6）选择"效果 > 颜色校正 > 曲线"命令，在"效果控件"面板中调整曲线，如图6-255所示。降噪效果制作完成，如图6-256所示。

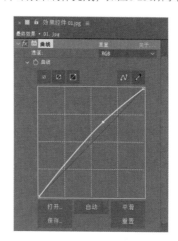

图6-255

图6-256

6.6.2 分形杂色

分形杂色效果可以模拟烟、云、水流等纹理图案，其参数如图6-257所示。

分形类型：选择分形的类型。

杂色类型：选择杂波的类型。

反转：反转图像的颜色，将黑色和白色反转。

对比度：调节生成杂波图像的对比度。

亮度：调节生成杂波图像的亮度。

溢出：选择杂波图案的比例、旋转和偏移等。

复杂度：设置杂波图案的复杂程度。

子设置：杂波的子分形变化的相关设置（如子分形影响、子分形缩放等）。

演化：控制杂波的分形变化相位。

演化选项：控制分形变化的一些设置（循环、随机植入等）。

不透明度：设置所生成的杂波图像的不透明度。

混合模式：设置生成的杂波图像与原素材图像的叠加模式。

分形杂色效果演示如图6-258、图6-259和图6-260所示。

图6-257

图6-258

图6-259

图6-260

6.6.3　中间值（旧版）

中间值效果使用指定半径范围内的像素的平均值来取代像素值。指定较低数值的时候，该效果可以用来减少画面中的杂点；指定较高值的时候，会产生一种绘画效果，其参数如图6-261所示。

半径：指定像素半径。

在Alpha通道上：应用于Alpha通道。

中间值效果演示如图6-262、图6-263和图6-264所示。

图6-261　　　　　　　　图6-262

图6-263　　　　　　　　图6-264

6.6.4　移除颗粒

移除颗粒效果可以移除杂点或颗粒，其参数如图6-265所示。

查看模式：设置查看的模式，有预览、杂波取样、混合蒙版和最终输出4种模式。

预览区域：设置预览区域的大小、位置等。

杂色深度减低设置：对杂点或噪波进行设置。

微调：对材质、尺寸、色泽等进行精细的设置。

临时过滤：控制是否开启实时过滤。

钝化蒙版：设置反锐化蒙版。

采样：设置各种采样情况、采样点等参数。

与原始图像混合：混合原始图像。

移除颗粒效果演示如图6-266、图6-267和图
6-268所示。

图6-265

图6-266

图6-267

图6-268

6.7　模拟

模拟组效果有卡片动画、焦散、泡沫、碎片和粒子运动场，这些效果功能强大，可以用
来设置多种逼真的效果，不过其参数项较多，设置也比较复杂。

6.7.1　课堂案例——气泡效果

案例学习目标：学习使用泡沫滤镜制作
气泡。

案例知识要点：使用"泡沫"命令制作气泡
并编辑其属性。气泡效果如图6-269所示。

效果所在位置：Ch06\6.7.1-气泡效果\气
泡效果.aep。

图6-269

（1）按Ctrl+N组合键，弹出"合成设置"
对话框，在"合成名称"文本框中输入"最终效
果"，其他选项的设置如图6-270所示，单击"确
定"按钮，创建一个新的合成"最终效果"。

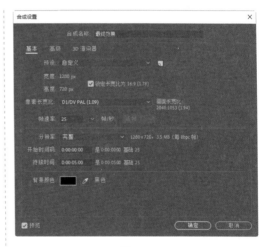
图6-270

（2）选择"文件 > 导入 > 文件"命令，在
弹出的"导入文件"对话框中，选择学习资源
中的"Ch06 \6.7.1-气泡效果\ (Footage) \ 01.jpg"
文件，单击"导入"按钮，将背景图片导入
"项目"面板中，并将其拖曳到"时间轴"面
板中。选中"01.jpg"层，按Ctrl+D组合键复制
图层，如图6-271所示。

图6-271

（3）选中"图层1"，选择"效果>模拟>泡沫"命令，在"效果控件"面板中进行参数设置，如图6-272所示。

图6-272

（4）将时间标签放置在第0秒的位置，在"效果控件"面板中，单击"强度"选项左侧的"关键帧自动记录器"按钮，如图6-273所示，记录第1个关键帧。将时间标签放置在第4秒24帧的位置，在"效果控件"面板中，设置"强度"选项的数值为0，如图6-274所示，记录第2个关键帧。

图6-273　　　　图6-274

（5）气泡效果制作完成，如图6-275所示。

图6-275

6.7.2　泡沫

泡沫效果参数设置如图6-276所示。

视图：在该下拉列表中，可以选择气泡效果的显示方式。"草图"方式以草图模式渲染气泡效果，虽然不能在该方式下看到气泡的最终效果，但是可以预览气泡的运动方式和设置状态，该方式的计算速度非常快。为特效指定影响通道后，使用"草图+流动映射"方式可以看到指定的影响对象。在"已渲染"方式下可以预览气泡的最终效果，但是计算速度相对较慢。

制作者：用于设置气泡的粒子发射器的相关参数，如图6-277所示。

图6-276　　　　　　　图6-277

●产生点：用于控制发射器的位置。所有的气泡粒子都由发射器产生，就好像在水枪中喷出气泡一样。

●产生X/Y大小：分别控制发射器的大小。在"草稿"或者"草稿+流动映射"状态下预览效果时，可以观察发射器。

●产生方向：用于旋转发射器，使气泡产生

旋转效果。

●缩放产生点：可缩放发射器的位置。如不选择此项，则系统默认以发射效果点为中心缩放发射器的位置。

●产生速率：用于控制发射速度。一般情况下，数值越大，发射速度越快，单位时间内产生的气泡粒子也越多。当数值为0时，不发射粒子。系统发射粒子时，在特效的开始位置，粒子数目为0。

气泡：可对气泡粒子的大小、寿命及强度进行控制，如图6-278所示。

●大小：用于控制气泡粒子的尺寸。数值越大，每个气泡粒子越大。

●大小差异：用于控制粒子的大小差异。数值越大，每个粒子的大小差异越大。数值为0时，每个粒子的最终大小相同。

●寿命：用于控制每个粒子的生命值。每个粒子在发射产生后，最终都会消失。生命值即粒子从产生到消亡的时间。

●气泡增长速度：用于控制每个粒子生长的速度，即粒子从产生到最终大小的时间。

●强度：用于控制粒子效果的强度。

物理学：该参数下是影响粒子运动的因素，如初始速度、风速、风向及排斥力等，如图6-279所示。

图6-278

图6-279

●初始速度：控制粒子的初始速度。

●初始方向：控制粒子的初始方向。

●风速：控制影响粒子的风速，就好像一股风吹动粒子一样。

●风向：控制风的方向。

●湍流：控制粒子的混乱度。该数值越大，粒子运动越混乱，同时向四面八方发散；数值较小，则粒子运动较为有序和集中。

●摇摆量：控制粒子的摇摆强度。参数较大时，粒子会产生摇摆变形。

●排斥力：用于在粒子间产生排斥力。数值越大，粒子间的排斥性越强。

●弹跳速度：控制粒子的总速率。

●粘度：控制粒子的黏度。数值越小，粒子堆砌得越紧密。

●粘性：控制粒子间的黏着程度。

缩放：对粒子效果进行缩放。

综合大小：该参数用于控制粒子效果的综合尺寸。在"草图"或者"草图+流动映射"状态下预览效果时，可以观察综合尺寸范围框。

正在渲染：该参数栏用于控制粒子的渲染属性，如"混合模式"下的粒子纹理及反射效果等。该参数栏的设置效果仅在渲染模式下才能看到。渲染效果参数设置如图6-280所示。

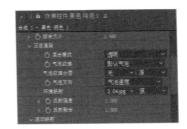

图6-280

●混合模式：用于控制粒子间的融合模式。在"透明"模式下，粒子与粒子间进行透明叠加。

●气泡纹理：可在该下拉列表中选择气泡粒子的材质。

●气泡纹理分层：指定要用作气泡图像的图层。要使用此控件，需将"气泡纹理"设为"用户自定义"。

●气泡方向：可在该下拉列表中设置气泡的方向。可以使用默认的坐标，也可以使用物理参数控制方向，还可以根据气泡速率进行控制。

● 环境映射：所有的气泡粒子都可以对周围的环境进行反射。可以在该下拉列表中指定气泡粒子的反射层。

● 反射强度：控制反射的强度。

● 反射融合：控制反射的融合度。

流动映射：可以在该参数栏中指定一个层来影响粒子效果。在"流动映射"下拉列表中，可以选择对粒子效果产生影响的目标层。选择目标层后，在"草图+流动映射"模式下可以看到流动映射，如图6-281所示。

图6-281

流动映射黑白对比：用于控制白色和黑色陡度时这两种颜色之间的差值。如果气泡会随机弹离流动图，则减小该值。

流动映射匹配：在该下拉列表中，可以设置参考图的大小。可以使用合成图像屏幕大小和粒子效果的总体范围大小。

模拟品质：在该下拉列表中，可以设置气泡粒子的仿真质量。

泡沫效果演示如图6-282、图6-283和图6-284所示。

图6-282

图6-283　　　　　　图6-284

6.8 ▶ 风格化

风格化效果可以模拟一些实际的绘画效果，或为画面提供某种风格化效果。

6.8.1 课堂案例——手绘效果

案例学习目标：学习使用查找边缘、画笔描边等效果制作手绘效果。

案例知识要点：使用"查找边缘"命令、"色阶"命令、"色相/饱和度"命令、"画笔描边"命令，制作手绘效果；使用钢笔工具 ，绘制蒙版形状。手绘效果如图6-285所示。

效果所在位置：Ch06\6.8.1-手绘效果\手绘效果.aep。

图6-285

（1）按Ctrl+N组合键，弹出"合成设置"对话框，在"合成名称"文本框中输入"最终效果"，其他选项的设置如图6-286所示，单击"确定"按钮，创建一个新的合成"最终效果"。

图6-286

（2）选择"文件 > 导入 > 文件"命令，在弹出的"导入文件"对话框中，选择学习资源中的"Ch06\6.8.1-手绘效果\(Footage)\01.jpg"文件，单击"打开"按钮，导入图片。在"项目"面板中选中"01.jpg"文件并将其拖曳到"时间轴"面板中，如图6-287所示。

图6-287

（3）选中"01.jpg"层，按Ctrl+D组合键，复制图层，如图6-288所示。选择"图层1"，按T键，展开"不透明度"属性，设置"不透明度"选项的数值为70%，如图6-289所示。

图6-288

图6-289

（4）选择"图层2"，选择"效果 > 风格化 > 查找边缘"命令，在"效果控件"面板中进行参数设置，如图6-290所示。"合成"面板中的效果如图6-291所示。

图6-290

图6-291

（5）选择"效果 > 颜色校正 > 色阶"命令，在"效果控件"面板中进行参数设置，如图6-292所示。"合成"面板中的效果如图6-293所示。

图6-292

137

图6-293

（6）选择"效果 > 颜色校正 > 色相/饱和度"命令，在"效果控件"面板中进行参数设置，如图6-294所示。"合成"面板中的效果如图6-295所示。

图6-294

图6-295

（7）选择"效果 > 风格化 > 画笔描边"命令，在"效果控件"面板中进行参数设置，如图6-296所示。"合成"面板中的效果如图6-297所示。

图6-296

图6-297

（8）在"项目"面板中选择"01.jpg"文件并将其拖曳到"时间轴"面板的顶部，如图6-298所示。选中"图层1"，选择钢笔工具，在"合成"面板中绘制一个蒙版形状，如图6-299所示。

图6-298

图6-299

（9）选中"图层1"层，按F键，展开"蒙版羽化"属性，设置"蒙版羽化"选项的数值为60、60，如图6-300所示。手绘效果制作完成，如图6-301所示。

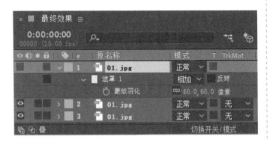

图6-300

图6-301

6.8.2　查找边缘

查找边缘效果通过强化过渡像素来产生彩色线条，其参数如图6-302所示。

反转：用于反向勾边结果。

与原始图像混合：设置和原始素材图像的混合比例。

查找边缘效果演示如图6-303、图6-304和图6-305所示。

图6-302

图6-303

图6-304

图6-305

6.8.3　发光

发光效果经常用于图像中的文字和带有Alpha通道的图像，可产生发光或光晕的效果，如图6-306所示。

发光基于：控制辉光效果基于哪一种通道方式。

发光阈值：设置辉光的阈值，影响到辉光的覆盖面。

发光半径：设置辉光的发光半径。

发光强度：设置辉光的发光强度，影响到辉光的亮度。

合成原始项目：设置和原始素材图像的合成方式。

发光操作：设置辉光的发光模式，类似层模式的选择。

发光颜色：设置辉光的颜色，影响到辉光的颜色。

颜色循环：设置辉光颜色的循环方式。

颜色循环：设置辉光颜色循环的数值。

色彩相位：设置辉光的颜色相位。

A和B中点：设置辉光颜色A和B的中点百分比。

颜色A：用于选择颜色A。

颜色B：用于选择颜色B。

发光维度：设置辉光作用的方向，有水平和垂直、水平、垂直3种方式。

发光效果演示如图6-307、图6-308和图6-309所示。

图6-306

图6-307

图6-308

图6-309

课堂练习——保留颜色

练习知识要点：使用"曲线"命令、"保留颜色"命令、"色相/饱和度"命令，调整图片局部的颜色效果；使用横排文字工具 [T]，输入文字。保留颜色效果如图6-310所示。

效果所在位置：Ch06\保留颜色\保留颜色.aep。

图6-310

课后习题——随机线条

习题知识要点：使用"照片滤镜"命令和"自然饱和度"命令，调整视频的色调；使用"分形杂色"命令，制作随机线条效果。随机线条效果如图6-311所示。

效果所在位置：Ch06\随机线条\随机线条.aep。

图6-311

第 **7** 章

跟踪与表达式

本章简介

　　本章将介绍After Effects CC 2019中的"跟踪与表达式",重点讲解运动跟踪中的单点跟踪和多点跟踪、表达式中的创建表达式和编写表达式。通过对本章内容的学习,读者可以制作影片自动生成的动画,完成最终的影片效果。

课堂学习目标

◆ 掌握运动跟踪的应用
◆ 掌握创建与编写表达式的方法

技能目标

◆ 掌握"单点跟踪"的制作方法
◆ 掌握"四点跟踪"的制作方法
◆ 掌握"放大镜效果"的制作方法

跟踪运动是对影片中产生运动的物体进行追踪。应用跟踪运动时，合成文件中应该至少有两个层：一层为追踪目标层，另一层是连接到追踪点的层。当导入影片素材后，在菜单栏中选择"动画 > 跟踪运动"命令可以增加跟踪运动，如图7-1所示。

图7-1

7.1.1 课堂案例——跟踪老鹰飞行

案例学习目标：学习使用单点跟踪命令。

案例知识要点：使用"导入"命令，导入视频文件；使用"跟踪器"命令进行单点跟踪。跟踪老鹰飞行效果如图7-2所示。

效果所在位置：Ch07\7.1.1-跟踪老鹰飞行\跟踪老鹰飞行.aep。

图7-2

（1）按Ctrl+N组合键，弹出"合成设置"对话框，在"合成名称"文本框中输入"最终效果"，其他选项的设置如图7-3所示，单击"确定"按钮，创建一个新的合成"最终效果"。选择"文件 > 导入 > 文件"命令，在弹出的"导入文件"对话框中，选择学习资源中的"Ch07\7.1.1-跟踪老鹰飞行\ (Footage) \

01.mpeg"文件，单击"导入"按钮，将视频文件导入"项目"面板中，如图7-4所示。

图7-3

图7-4

（2）在"项目"面板中，选中"01.mpeg"文件并将其拖曳到"时间轴"面板中，如图7-5所示。"合成"面板中的效果如图7-6所示。

图7-5

图7-6

（3）选择"图层 >
新建 > 空对象"命令，
在"时间轴"面板中新增
一个"空1"层，如图7-7
所示。

图7-7

（4）选择"窗口 > 跟踪器"命令，打开"跟
踪器"面板，如图7-8所示。选中"01.mpeg"层，
在"跟踪器"面板中，单击"跟踪运动"按
钮，使面板处于激活状态，如图7-9所示。"合
成"面板中的效果如图7-10所示。

图7-8

图7-9

图7-10

（5）拖曳控制点到眼睛的位置，如图7-11
所示。在"跟踪器"面板中单击"向前分析"按
钮▶自动跟踪计算，如图7-12所示。

图7-11　　　　　　　图7-12

（6）在"跟踪器"面板中单击"应用"按
钮，如图7-13所示，弹出"动态跟踪器应用选项"
对话框，单击"确定"按钮，如图7-14所示。

图7-13　　　　　　　图7-14

（7）选中"01.mpeg"层，按U键，展开所
有关键帧，可以看到刚才的控制点经过跟踪计
算后所产生的一系列关键帧，如图7-15所示。

图7-15

（8）选中"空1"层，按U键，展开所有关键帧，同样可以看到由于跟踪所产生的一系列关键帧，如图7-16所示。跟踪老鹰飞行效果制作完成。

图7-16

7.1.2　单点跟踪

在某些合成效果中，可能需要使某种效果跟踪另外一个物体运动，从而创建出想要得到的最佳效果。例如，动态跟踪通过追踪人物头部单独一个点的运动轨迹，使调节层与人物头部的运动轨迹相同，完成合成效果，如图7-17所示。

图7-17

选择"动画 > 跟踪运动"或"窗口 > 跟踪器"命令，打开"跟踪器"面板，在"图层"视图中显示当前层。设置"跟踪类型"为"变换"，制作单点跟踪效果。在该面板中还可以设置"跟踪摄像机""变形稳定器""跟踪运动""稳定运动""运动源""当前跟踪""跟踪类型""位置""旋转""缩放""编辑目标""选项""分析""重置""应用"等，与图层视图相结合，可以设置单点跟踪，如图7-18所示。

图7-18

7.1.3　课堂案例——跟踪对象运动

案例学习目标：学习使用多点跟踪制作四点跟踪效果。

案例知识要点：使用"导入"命令，导入视频文件；使用"跟踪器"命令编辑多个跟踪点，改变不同的位置。跟踪对象运动效果如图7-19所示。

效果所在位置：Ch07\7.1.3-跟踪对象运动\跟踪对象运动.aep。

图7-19

（1）按Ctrl+N组合键，弹出"合成设置"对话框，在"合成名称"文本框中输入"最终效果"，其他选项的设置如图7-20所示，单击"确定"按钮，创建一个新的合成"最终效果"。选择"文件 > 导入 > 文件"命令，弹出"导入文件"对话框，选择学习资源中的"Ch07 \7.1.3-跟踪对象运动\ (Footage) \01.mp4和02.mp4"文件，单击"导入"按钮，将文件导入"项目"面板，如图7-21所示。

图7-20

图7-21

（2）在"项目"面板中选择"01.mp4"文件，并将其拖曳到"时间轴"面板中，按S键，展开"缩放"属性，设置"缩放"选项的数值为67、67%，如图7-22所示。"合成"面板中的效果如图7-23所示。

图7-22

图7-23

（3）在"项目"面板中选择"02.mp4"文件，并将其拖曳到"时间轴"面板中，按S键，展开"缩放"属性，设置"缩放"选项的数值为37、37%，如图7-24所示。"合成"面板中的效果如图7-25所示。

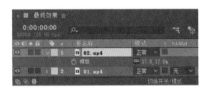

图7-24

图7-25

（4）选择"窗口 > 跟踪器"命令，打开"跟踪器"面板，如图7-26所示。选中"01.mp4"层，在"跟踪器"面板中单击"跟踪运动"按钮，使面板处于激活状态，如图7-27所示。"合成"面板中的效果如图7-28所示。

图7-26

图7-27

图7-28

（5）在"跟踪器"面板的"跟踪类型"下拉列表中选择"透视边角定位"选项，如图7-29所示。"合成"面板中的效果如图7-30所示。

图7-29

图7-30

（6）用鼠标分别将4个控制点拖曳到画面的四角，如图7-31所示。在"跟踪器"面板中单击"向前分析"按钮▶自动跟踪计算，如图7-32所示。单击"应用"按钮，如图7-33所示，完成

跟踪的设置。

图7-31

图7-32

图7-33

（7）选中"01.mp4"层，按U键，展开所有关键帧，可以看到刚才的控制点经过跟踪计算后所产生的一系列关键帧，如图7-34所示。

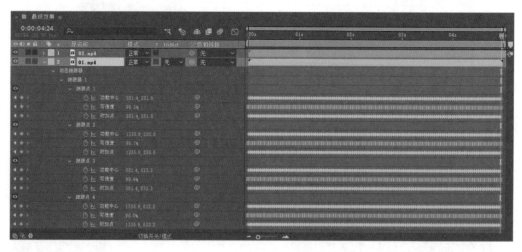
图7-34

（8）选中"02.mp4"层，按U键，展开所有关键帧，同样可以看到由于跟踪所产生的一系列关键帧，如图7-35所示。

图7-35

（9）跟踪对象运动效果制作完成，如图
7-36所示。

图7-36

7.1.4　多点跟踪

在某些影片的合成过程中，经常需要将
动态影片中的某一部分图像设置成其他图像，
并生成跟踪效果，制作出想要得到的结果。例
如，将一段影片与另一指定的图像进行置换合
成。动态跟踪通过追踪标牌上的4个点的运动
轨迹，使指定置换的图像与标牌的运动轨迹相
同，完成合成效果，合成前与合成后的效果分
别如图7-37和图7-38所示。

图7-37　　　　　　图7-38

多点跟踪效果的设置与单点跟踪效果的
设置大致相同，只是在"跟踪类型"设置中选
择类型为"透视边角定位"，指定类型以后，
"图层"视图中会由原来的1个跟踪点，变成定
义4个跟踪点的位置制作多点跟踪效果，如图
7-39所示。

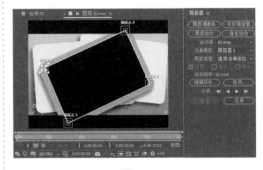

图7-39

7.2　表达式

表达式可以创建图层属性或一个属性关键帧到另一图层或另一个属性关键帧的联系。当
要创建一个复杂的动画，但又不愿意手工创建几十、几百个关键帧时，就可以试着用表达式
代替。在After Effects中想要给一个图层增加表达式，首先需要给该图层增加一个表达式控制滤
镜效果，如图7-40所示。

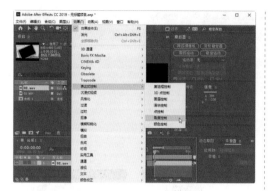

图7-40

7.2.1 课堂案例——放大镜效果

案例学习目标：学习使用表达式制作放大镜效果。

案例知识要点：使用"导入"命令，导入图片；使用向后平移（锚点）工具 ⬛，改变中心点的位置；使用"球面化"命令，制作球面效果；使用"添加表达式"命令，制作放大效果。放大镜效果如图7-41所示。

效果所在位置：Ch07\7.2.1-放大镜效果\放大镜效果.aep。

图7-41

（1）按Ctrl+N组合键，弹出"合成设置"对话框，在"合成名称"文本框中输入"最终效果"，其他选项的设置如图7-42所示，单击"确定"按钮，创建一个新的合成"最终效果"。

（2）选择"导入 > 文件 > 导入"命令，在弹出的"导入文件"对话框中，选择学习资源中的"Ch07 \7.2.1-放大镜效果\（Footage)\01. png、02.jpg"文件，单击"导入"按钮，将图片导入"项目"面板中，如图7-43所示。

（3）在"项目"面板中，选中"01.png"和"02.jpg"文件并将它们拖曳到"时间轴"面板中，图层的排列如图7-44所示。

图7-42

图7-43 　　　　　　　　图7-44

（4）选中"01.png"层，选择向后平移（锚点）工具 ⬛，在"合成"面板中按住鼠标左键调整放大镜的中心点位置，如图7-45所示。

（5）将时间标签放置在第0秒的位置，按P键，展开"位置"属性，设置"位置"选项的数值为318.5、194.7，单击"位置"选项左侧的"关键帧自动记录器"按钮 ⬤，如图7-46所示，记录第1个关键帧。

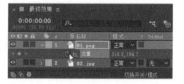

图7-45 　　　　　　　　图7-46

（6）将时间标签放置在第2秒的位置，设置"位置"选项的数值为496.8、591，如图7-47所示，记录第2个关键帧。将时间标签放置在第4秒的位置，设置"位置"选项的数值为769.4、293.8，如图7-48所示，记录第3个关键帧。

图7-47

图7-48

（7）将时间标签放置在第0秒的位置，选中"01.png"层，按R键，展开"旋转"属性，单击"旋转"选项左侧的"关键帧自动记录器"按钮❷，记录第1个关键帧，如图7-49所示。将时间标签放置在第2秒的位置，设置"旋转"选项的数值为0、48，记录第2个关键帧，如图7-50所示。

图7-49

图7-50

（8）将时间标签放置在第4秒的位置，设置"旋转"选项的数值为0、-39，如图7-51所示，记录第3个关键帧。"合成"面板中的效果如图7-52所示。

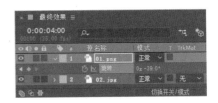

图7-51

图7-52

（9）将时间标签放置在第0秒的位置，选中"02.jpg"层，选择"效果 > 扭曲 > 球面化"命令，在"效果控件"面板中进行参数设置，如图7-53所示。"合成"面板中的效果如图7-54所示。

图7-53

图7-54

（10）在"时间轴"面板中，展开"球面化"属性，选中"球面中心"选项，选择"动画 > 添加表达式"命令，为"球面中心"属性添加一个表达式。在"时间轴"面板右侧输入表达式代码：thisComp.layer("01.png").position，如图7-55所示。

图7-55

（11）放大镜效果制作完成，如图7-56所示。

图7-56

7.2.2　创建表达式

在"时间轴"面板中选择一个需要增加表达式的控制属性，在菜单栏中选择"动画 > 添加表达式"命令激活该属性，如图7-57所示。属性被激活后可以在该属性条中直接输入表达式覆盖现有的文字，增加表达式的属性中会自动增加启用开关 、显示图表 、表达式拾取 和语言菜单 等工具，如图7-58所示。

图7-57

图7-58

编写、增加表达式的工作都在"时间轴"面板中完成，当增加一个层属性的表达式到"时间轴"面板时，一个默认的表达式就出现在该属性下方的表达式编辑区中，在这个表达式编辑区中可以输入新的表达式或修改表达式的值。许多表达式依赖于层属性名，如果改变了一个表达式所在层的属性名或层名，这个表达式就可能会产生一个错误的消息。

7.2.3　编写表达式

可以在"时间轴"面板的表达式编辑区中直接写表达式，或通过其他文本工具编写。如果在其他文本工具中编写表达式，只需简单地将表达式复制粘贴到表达式编辑区中即可。在编写自己的表达式时，可能需要一些JavaScript语法和数学基础知识。

当编写表达式时，需要注意如下事项：JavaScript语句区分大小写；在一段或一行程序后需要加"；"符号，使词间空格被忽略。

在After Effects中，可以用表达式语言访问属性值。访问属性值时，用"."符号将对象连接起来，连接的对象在层水平，例如，连接Effect、masks、文字动画，可以用"（）"符号；连接层A的Opacity到层B的高斯模糊的Blurriness属性，可以在层A的Opacity属性下面输入如下表达式：

thisComp.layer("layer B").effect("Gaussian Blur") ("Blurriness")

表达式的默认对象是表达式中对应的属性，接着是层中内容的表达，因此没有必要指定属性。例如，在层的位置属性上写摆动表达式可以用如下两种方法：

wiggle(5,10)

position.wiggle(5,10)

表达式中可以包括层及其属性。例如，将B层的Opacity属性与A层的Position属性相连的表达式如下：

thisComp.layer(layerA).position[0].wiggle(5,10)

当为一个属性添加表达式以后，可以连续对属性进行编辑、增加关键帧。编辑或创建的关键帧的值将在表达式以外的地方使用。当表达式存在时，可以用下面的方法创建关键帧，表达式仍将保持有效。

写好表达式后可以存储它，以便将来复制粘贴，还可以在记事本中编辑。但是表达式是针对层写的，不允许简单地存储和装载表达式到一个项目。如果要存储表达式以便用于其他项目，可能要加注解或存储整个项目文件。

练习知识要点：使用"跟踪"命令，添加跟踪点；使用"调节层"命令，新建调节层；使用"照片滤镜"命令，调整视频的色调。跟踪机车男孩效果如图7-59所示。

效果所在位置：Ch07\跟踪机车男孩\跟踪机车男孩.aep。

图7-59

习题知识要点：使用"跟踪"命令编辑多个跟踪点，改变不同的位置。四点跟踪效果如图7-60所示。

效果所在位置：Ch07\四点跟踪\四点跟踪.aep。

图7-60

第 **8** 章

抠像

本章简介

　　本章将详细讲解After Effects中的抠像功能，包括颜色差值抠像、颜色抠像、颜色范围抠像、差值遮罩抠像、提取抠像、内外抠像、线性颜色抠像、亮度抠像、高级溢出抑制器和外挂抠像等内容。通过对本章的学习，读者可以自如地应用抠像功能进行实际创作。

课堂学习目标

◆ 熟练应用常用的抠像效果
◆ 掌握外挂抠像的应用

技能目标

◆ 掌握"促销广告"的制作方法
◆ 掌握"运动鞋广告"的制作方法

抠像滤镜通过指定一种颜色，然后将与其近似的像素抠像，使其透明。此功能相对简单，对于拍摄质量好，背景比较单纯的素材有不错的效果，但是不适合处理复杂情况。

8.1.1 课堂案例——促销广告

案例学习目标：学习使用键控命令制作抠像效果。

案例知识要点：使用"颜色差值键"命令，修复图片效果；使用"缩放"属性和"位置"属性，编辑图片的大小及位置。促销广告效果如图8-1所示。

效果所在位置：Ch08\8.1.1-促销广告\促销广告.aep。

图8-1

（1）按Ctrl+N组合键，弹出"合成设置"对话框，在"合成名称"文本框中输入"抠像"，其他选项的设置如图8-2所示，单击"确定"按钮，创建一个新的合成"抠像"。选择

图8-2

"文件 > 导入 > 文件"命令，在弹出的"导入文件"对话框中，选择学习资源中的"Ch08\8.1.1-促销广告\（Footage）\01.jpg和02.jpg"文件，单击"导入"按钮，将素材文件导入"项目"面板中，如图8-3所示。

图8-3

（2）在"项目"面板中，选中"01.jpg"文件并将其拖曳到"时间轴"面板中，按S键，展开"缩放"属性，设置"缩放"选项的数值为25、25%，如图8-4所示。"合成"面板中的效果如图8-5所示。

图8-4

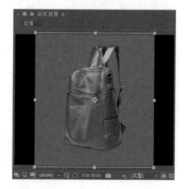

图8-5

（3）选中"01.jpg"层，选择"效果 > 抠像 > 颜色差值键"命令，在"效果控件"面板中设置参数，如图8-6所示。"合成"面板中的效果如图8-7所示。

图8-6

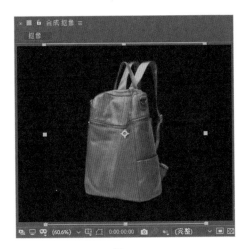

图8-7

（4）按Ctrl+N组合键，弹出"合成设置"对话框，在"合成名称"文本框中输入"最终效果"，其他选项的设置如图8-8所示，单击"确定"按钮，创建一个新的合成"最终效果"。在"项目"面板中，选中"02.jpg"文件并将其拖曳到"时间轴"面板中，如图8-9所示。

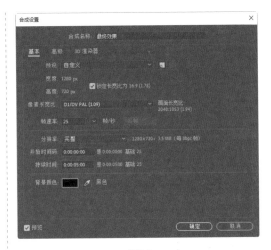

图8-8

图8-9

（5）在"项目"面板中，选中"抠像"合成并将其拖曳到"时间轴"面板中，如图8-10所示。"合成"面板中的效果如图8-11所示。

图8-10

图8-11

155

（6）选中"抠像"层，按P键，展开"位置"属性，设置"位置"选项的数值为863、362，如图8-12所示。"合成"面板中的效果如图8-13所示。

图8-12

图8-13

（7）选择"效果>透视>投影"命令，在"效果控件"面板中进行设置，如图8-14所示。促销广告效果制作完成，如图8-15所示。

图8-14

图8-15

8.1.2　颜色差值键

颜色差值键把图像划分为两个蒙版透明效果。局部蒙版B使指定的抠像颜色变为透明，局部蒙版A使图像中不包含第2种不同颜色的区域变为透明。这两种蒙版效果联合起来就得到最终的第3种蒙版效果，即背景变为透明。

颜色差值抠像的左侧缩略图表示原始图像，右侧缩略图表示蒙版效果，吸管工具 用于在原始图像缩略图中拾取抠像颜色，吸管工具 用于在蒙版缩略图中拾取透明区域的颜色，吸管工具 用于在蒙版缩略图中拾取不透明区域的颜色，如图8-16所示。

图8-16

视图：指定合成视图中显示的合成效果。

主色：通过吸管工具拾取透明区域的颜色。

颜色匹配准确度：用于控制匹配颜色的精确度。若屏幕上不包含主色调，就会得到较好的效果。

蒙版控制：调整通道中的"黑色遮罩""白色遮罩""遮罩灰度系数"参数值，从而修改图像蒙版的不透明度。

8.1.3　颜色键

颜色键参数如图8-17所示。

图8-17

主色：通过吸管工具拾取透明区域的颜色。

颜色容差：用于调节与抠像颜色相匹配的颜色范围。该参数值越高，抠掉的颜色范围就越大；该参数值越低，抠掉的颜色范围就越小。

薄化边缘：减小所选区域边缘的像素值。

羽化边缘：设置抠像区域的边缘以产生柔和的羽化效果。

8.1.4 颜色范围

颜色范围可以通过去除Lab、YUV或RGB模式中指定的颜色范围来创建透明效果。用户可以对由多种颜色组成的背景屏幕图像，如不均匀光照并且包含同种颜色阴影的蓝色或绿色屏幕图像应用该滤镜效果，如图8-18所示。

图8-18

模糊：设置选区边缘的模糊量。

色彩空间：设置颜色之间的距离，有Lab、YUV、RGB 3种选项，每种选项对颜色的不同变化有不同的反应。

最大值/最小值：对层的透明区域进行微调设置。

8.1.5 差值遮罩

差值遮罩可以通过对比源层和对比层的颜色值，将源层与对比层中颜色相同的像素删除，从而创建透明效果。该滤镜效果的典型应用就是将一个复杂背景中的移动物体合成到其他场景中，通常情况下对比层采用源层的背景图像，其参数如图8-19所示。

差值图层：设置哪一层将作为对比层。

如果图层大小不同：设置对比层与源图像层的大小匹配方式，有"居中"和"伸缩以适合"两种方式。

差值前模糊：细微模糊两个控制层中的颜色噪点。

图8-19

8.1.6 提取

提取通过图像的亮度范围来创建透明效果。图像中所有与指定的亮度范围相近的像素都将被删除，对于具有黑色或白色背景的图像，或者是包含多种颜色的黑暗或明亮的背景图像最适合创建透明，还可以用来删除影片中的阴影，如图8-20所示。

图8-20

8.1.7　内部/外部键

内部/外部键通过层的蒙版路径来确定要隔离的物体边缘，从而把前景物体从它的背景上隔离出来。利用该滤镜效果可以将具有不规则边缘的物体从它的背景中分离出来，这里使用的蒙版路径可以十分粗略，不一定正好在物体的四周边缘，如图8-21所示。

图8-21

8.1.8　线性颜色键

线性颜色键既可以用来进行抠像处理，还可以用来保护其他误删除但不应删除的颜色区域，如图8-22所示。如果在图像中抠出的物体包含被抠像颜色，当对其进行抠像时，这些区域可能也会变成透明区域，这时通过对图像施加该滤镜效果，然后在滤镜效果控制面板中设置"主要操作 > 保持颜色"选项，可以找回不该删除的部分。

图8-22

8.1.9　亮度键

亮度键是根据层的亮度对图像进行抠像处理，可以将图像中具有指定亮度的所有像素都删除，从而创建透明效果，而层质量设置不会影响滤镜效果，如图8-23所示。

图8-23

键控类型：包括抠出较亮区域、抠出较暗区域、抠出亮度相似的区域和抠出亮度不同的区域等抠像类型。

阈值：设置抠像的亮度极限数值。

容差：指定接近抠像极限数值的像素范围，数值的大小可以直接影响抠像区域。

8.1.10　高级溢出抑制器

高级溢出抑制器可以去除键控后图像残留的键控色的痕迹，消除图像边缘溢出的键控色，这些溢出的键控色常常是由背景的反射造成的，如图8-24所示。

图8-24

8.2 外挂抠像

　　根据设计制作任务的需要，可以将外挂抠像插件安装在计算机中。安装好后，就可以使用功能强大的外挂抠像插件。例如，Keylight（1.2）插件是为专业的高端电影开发的抠像软件，用于精细地去除影像中任何一种指定的颜色。

8.2.1　课堂案例——运动鞋广告

　　案例学习目标：学习使用外挂抠像命令制作复杂抠像效果。

　　案例知识要点：使用"Keylight"命令，修复图片效果；使用"缩放"属性和"不透明度"属性，制作运动鞋动画。运动鞋广告效果如图8-25所示。

　　效果所在位置：Ch08\8.2.1-运动鞋广告\运动鞋广告.aep。

图8-25

　　（1）按Ctrl+N组合键，弹出"合成设置"对话框，在"合成名称"文本框中输入"最终效果"，其他选项的设置如图8-26所示，单击"确定"按钮，创建一个新的合成"最终效果"。选择"文件 > 导入 > 文件"命令，在弹出的"导入文件"对话框中，选择学习资源中的"Ch08\8.2.1-运动鞋广告\（Footage）\ 01.jpg和02.jpg"文件，单击"导入"按钮，将素材文件导入"项目"面板中，如图8-27所示。

图8-26

图8-27

　　（2）在"项目"面板中，选中"01.jpg"和"02.jpg"文件并将它们拖曳到"时间轴"面板中，图层的排列如图8-28所示。"合成"面板中的效果如图8-29所示。

图8-28

图8-29

（3）选中"02.jpg"层，选择"效果 >
Keylight > Keylight(1.2)"命令，在"效果控件"
面板中单击"Screen Colour"选项右侧的吸管工
具，如图8-30所示，在"合成"面板中的绿色
背景上单击鼠标吸取颜色，效果如图8-31所示。

图8-30

图8-31

（4）按S键，展开"缩放"属性，设置
"缩放"选项的数值为0、0%，单击"缩放"选
项左侧的"关键帧自动记录器"按钮，记录
第1个关键帧，如图8-32所示。将时间标签放置
在第10帧的位置，设置"缩放"选项的数值为
100、100%，如图8-33所示，记录第2个关键帧。

图8-32

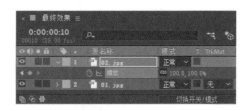

图8-33

（5）按T键，展开"不透明度"属性，
单击"不透明度"选项左侧的"关键帧自动记
录器"按钮，记录第1个关键帧，如图8-34所
示。将时间标签放置在第12帧的位置，设置
"不透明度"选项的数值为0%，如图8-35所
示，记录第2个关键帧。

图8-34

图8-35

（6）将时间标签放置在第14帧的位置，设置"不透明度"选项的数值为100%，如图8-36所示，记录第3个关键帧。将时间标签放置在第16帧的位置，设置"不透明度"选项的数值为0%，如图8-37所示，记录第4个关键帧。

图8-36

图8-37

（7）将时间标签放置在第18帧的位置，设置"不透明度"选项的数值为100%，如图8-38所示，记录第5个关键帧。将时间标签放置在第20帧的位置，设置"不透明度"选项的数值为0%，如图8-39所示，记录第6个关键帧。

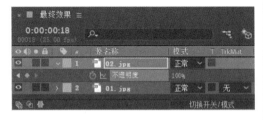

图8-38

图8-39

（8）将时间标签放置在第22帧的位置，设置"不透明度"选项的数值为100%，如图8-40所示，记录第7个关键帧。运动鞋广告制作完成，如图8-41所示。

图8-40

图8-41

8.2.2 Keylight（1.2）

"抠像"一词是从早期电视制作中得来的，英文称作"Keylight"，意思就是吸取画面中的某一种颜色作为透明色，将它从画面中删除，从而使背景透出来，形成两层画面的叠加合成。这样一种景物经抠像后与其他景物叠加在一起，就可以形成各种奇特效果，如图8-42所示。

图8-42

在After Effects中，实现键出的滤镜都放置在"键控"分类里，根据其原理和用途，又可以分为3类：二元键出、线性键出和高级键出。

二元键出：诸如"颜色键""亮度键"等。这是一种比较简单的键出抠像，只能产生透明与不透明效果，对于半透明效果的抠像就力不从心了，适合前期拍摄较好的高质量视频，有着明确的边缘，背景平整且颜色无太大变化。

线性键出：诸如"线性颜色键""差值遮罩""提取"等。这类键出抠像可以将键出色与画面颜色进行比较，当两者不是完全相同，则自动抠去键出色；当键出色与画面颜色不是完全符合时，将产生半透明效果。此类滤镜产生的半透明效果是线性分布的，虽然适合大部分抠像要求，但对于烟雾、玻璃之类更为细腻的半透明抠像仍有局限，需要借助更高级的抠像滤镜。

高级键出：诸如"颜色差值键""颜色范围"等。此类键出滤镜适合复杂的抠像操作，对于透明、半透明的物体抠像十分适合。即使实际拍摄时背景不够平整、蓝屏或者绿屏亮度分布不均匀带有阴影等，也能得到不错的键出抠像效果。

课堂练习——数码家电广告

练习知识要点：使用"颜色差值键"命令，修复图片效果；使用"位置"属性，设置图片的位置；使用"不透明度"属性，制作图片动画效果。数码家电广告效果如图8-43所示。

效果所在位置：Ch08\数码家电广告\数码家电广告.aep。

图8-43

课后习题——复杂抠像

习题知识要点：使用"缩放"属性，改变图片大小；使用"Keylight"命令，修复图片效果。复杂抠像效果如图8-44所示。

效果所在位置：Ch08\复杂抠像\复杂抠像.aep。

图8-44

第 **9** 章

添加声音特效

本章简介

本章将对声音的导入和声音面板进行详细讲解，其中包括声音的导入与监听、声音长度的缩放、声音的淡入淡出、声音的倒放、低音和高音、声音的延迟、变调与合声等内容。通过对本章的学习，读者可以掌握After Effects中声音特效的制作方法。

课堂学习目标

◆ 掌握将声音导入影片的方法
◆ 熟悉声音特效面板

技能目标

◆ 掌握"为旅行影片添加背景音乐"的方法
◆ 掌握"为青春短片添加背景音乐"的方法

9.1 将声音导入影片

声音是影片的引导者，没有声音的影片无论多么精彩，都不会使观众陶醉。下面介绍把声音导入影片的方法及动态音量的设置方法。

9.1.1 课堂案例——为旅行影片添加背景音乐

案例学习目标：学习使用"音频电平"选项调整声音的淡入淡出。

案例知识要点：使用"导入"命令，导入声音和视频文件；使用"音频电平"选项，制作背景音乐效果。为旅行影片添加背景音乐的画面效果如图9-1所示。

效果所在位置：Ch09\9.1.1-为旅行影片添加背景音乐\为旅行影片添加背景音乐.aep。

图9-1

（1）按Ctrl+N组合键，弹出"合成设置"对话框，在"合成名称"文本框中输入"最终效果"，其他选项的设置如图9-2所示，单击"确定"按钮，创建一个新的合成"最终效果"。选择"文件 > 导入 > 文件"命令，弹出"导入文件"对话框，选择学习资源中的"Ch09\9.1.1-为旅行影片添加背景音乐\(Footage)\01.mp4、02.wma"文件，如图9-3所示，单击"导入"按钮，导入文件。

图9-3

（2）在"项目"面板中选中"01.mp4"和"02.wma"文件，并将它们拖曳到"时间轴"面板中，图层的排列如图9-4所示。选中"01.mp4"层，按S键，展开"缩放"属性，设置"缩放"选项的数值为67、67%，"合成"面板中的效果如图9-5所示。

图9-4

图9-2

图9-5

（3）将时间标签放置在第7秒的位置，选中"02.wma"层，展开"音频"属性，单击"音频电平"选项左侧的"关键帧自动记录器"按钮，记录第1个关键帧，如图9-6所示。

（4）将时间标签放置在第8秒16帧的位置，在"时间轴"面板中，设置"音频电平"选项的数值为-30，如图9-7所示，记录第2个关键帧。为旅行影片添加背景音乐制作完成。

图9-6

图9-7

9.1.2　声音的导入与监听

启动After Effects，选择"文件 > 导入 >文件"命令，在弹出的"导入文件"对话框中，选择学习资源中的"基础素材\Ch09\01.mov"文件，单击"打开"按钮导入文件。在"项目"面板中选中该素材，可以看到预览窗口下方出现了声波图形，如图9-8所示。这说明该视频素材携带着声道。从"项目"面板中将"01.mov"文件拖曳到"时间轴"面板中。

"项目"面板出现声波图形

图9-8

选择"窗口 > 预览"命令，或按Ctrl+3组合键，在弹出的"预览"面板中确定图标为弹起状态，如图9-9所示。在"时间轴"面板中同样确定图标为弹起状态，如图9-10所示。

"预览控制台"声波状态
"时间轴"面板声波状态

图9-9　　　　图9-10

按数字键盘上的0键即可监听影片的声音，按住Ctrl键的同时，拖曳时间标签，可以实时听到当前时间指针位置的音频。

选择"窗口 > 音频"命令，或按Ctrl+4组合键，弹出"音频"面板，在该面板中拖曳滑块可以调整声音素材的总音量或分别调整左右声道的音量，如图9-11所示。

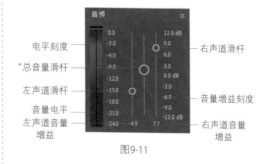

图9-11

在"时间轴"面板中打开"波形"卷展栏，可以在其中显示声音的波形，调整"音频电平"右侧的参数可以调整声音的音量，如图9-12所示。

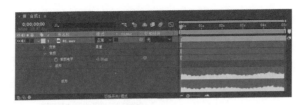

图9-12

9.1.3　声音长度的缩放

在"时间轴"面板底部单击■按钮，将控制区域完全显示出来。"持续时间"可以设置声音的播放长度，"伸缩"可以设置播放时长与原始素材时长的百分比，如图9-13所示。例如，将"伸缩"参数设置为200.0%后，声音的实际播放时长是原始素材时长的2倍。但通过这两个参数缩短或延长声音的播放长度后，声音的音调也同时会升高或降低。

图9-13

9.1.4　声音的淡入淡出

将时间标签拖曳到起始帧的位置，在"音频电平"左侧单击"关键帧自动记录器"按钮■，添加关键帧，并设置"音频电平"选项的数值为-100；拖曳时间标签到第20帧的位置，设置"音频电平"选项数值为0，可以看到"时间轴"上增加了两个关键帧，如图9-14所示。此时按住Ctrl键不放拖曳时间标签，可以听到声音由小变大的淡入效果。

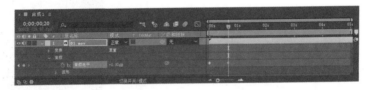

图9-14

拖曳时间标签到第4秒10帧的位置，设置"音频电平"选项的数值为0.1；拖曳时间标签到结束帧，设置"音频电平"选项的数值为-100。"时间轴"面板的状态如图9-15所示。按住Ctrl键不放拖曳时间标签，可以听到声音的淡出效果。

图9-15

9.2 声音特效面板

为声音添加特效就像为视频添加滤镜一样，只要在效果面板中单击相应的命令，就可以完成需要的操作。

9.2.1 课堂案例——为青春短片添加背景音乐

案例学习目标：学习使用声音特效。

案例知识要点：使用"导入"命令，导入视频和音乐文件；使用"低音和高音"命令和"变调与合声"命令，编辑音乐文件。为青春短片添加背景音乐的画面效果如图9-16所示。

效果所在位置：Ch09\9.2.1-为青春短片添加背景音乐\为青春短片添加背景音乐.aep。

图9-16

（1）按Ctrl+N组合键，弹出"合成设置"对话框，在"合成名称"文本框中输入"最终效果"，其他选项的设置如图9-17所示，单击"确定"按钮，创建一个新的合成"最终效果"。

图9-17

（2）选择"文件 > 导入 > 文件"命令，在弹出的"导入文件"对话框中，选择学习资源中的"Ch09\9.2.1-为青春短片添加背景音乐\(Footage)\ 01.mp4、02.wma"文件，单击"打开"按钮，导入视频和声音文件，并将它们拖曳到"时间轴"面板中，图层的排列如图9-18所示。

图9-18

（3）选中"02.wma"层，选择"效果 > 音频 > 低音和高音"命令，在"效果控件"面板中进行参数设置，如图9-19所示。选择"效果 > 音频 > 变调与合声"命令，在"效果控件"面板中进行参数设置，如图9-20所示。为青春短片添加背景音乐制作完成。

图9-19

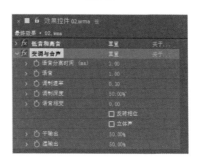

图9-20

9.2.2　倒放

选择"效果 > 音频 > 倒放"命令，即可将该特效添加到特效面板中。这个特效可以倒放音频素材，即从最后一帧向第一帧播放。勾选"互换声道"复选框可以交换左、右声道中的音频，如图9-21所示。

图9-21

9.2.3　低音和高音

选择"效果 > 音频 > 低音和高音"命令，即可将该特效添加到特效面板中。拖曳低音或高音滑块可以增大或减小音频中低音和高音的音量，如图9-22所示。

图9-22

9.2.4　延迟

选择"效果 > 音频 > 延迟"命令，即可将该特效添加到特效面板中。它可将声音素材进行多层延迟来模仿回声效果，如制造墙壁的回声或空旷的山谷中的回音。"延迟时间（毫秒）"参数用于设定原始声音和其回音之间的时间间隔，单位为毫秒；"延迟量"参数用于设置延迟音频的音量；"反馈"参数用于设置由回音产生的后续回音的音量；"干输出"参数用于设置声音素材的电平；"湿输出"参数用于设置最终输出声波的电平，如图9-23所示。

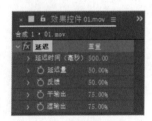

图9-23

9.2.5　变调与合声

选择"效果 > 音频 > 变调与合声"命令，即可将该特效添加到特效面板中。"变调"效果产生的原理是将声音素材的一个拷贝稍作延迟后与原声音混合，这样就造成某些频率的声波产生叠加或相减，这在声音物理学中被称为"梳状滤波"，它会产生一种"干瘪"的声音效果，该效果在电吉他独奏中经常被应用。当混入多个延迟的拷贝声音后会产生乐器的"合声"效果。

在该特效设置面板中，"语音分离时"参数用于设置延迟的拷贝声音的数量，增大此值将使卷边效果减弱而使合唱效果增强；"语音"用于设置拷贝声音的混合深度；"调制速率"参数用于设置拷贝声音相位的变化程度；"干输出/湿输出"用于设置未处理音频与处理后的音频的混合程度，如图9-24所示。

图9-24

9.2.6　高通/低通

选择"效果 > 音频 > 高通/低通"命令，即可将该特效添加到特效面板中。该声音特效只允许设定的频率通过，通常用于滤去低频率或高频率的噪音，如电流声、咝咝声等。在"滤镜选项"栏中可以选择使用"高通"方式或"低通"方式；"屏蔽频率"参数用于设置滤波器的分界频率，当选择"高通"方式滤波时，低于该频率的声音被滤除，当选择"低通"方式滤波时，则高于该频率的声音被滤除；"干输出"参数用于设置声音素材的电平;"湿输出"参数用于设置最终输出声波的电平,如图9-25所示。

图9-25

9.2.7 调制器

选择"效果 > 音频 > 调制器"命令,即可将该特效添加到特效面板中。该声音特效可以为声音素材加入颤音效果。"调制类型"用于设定颤音的波形;"调制速率"参数以Hz为单位设定颤音调制的频率;"调制深度"参数以调制频率的百分比为单位设定颤音频率的变化范围;"振幅变调"用于设定颤音的强弱,如图9-26所示。

图9-26

课堂练习——为桥影片添加背景音乐

练习知识要点:使用"低音与高音"命令,制作声音文件特效;使用"高通/低通"命令,调整高低音效果。为桥影片添加背景音乐的画面效果如图9-27所示。

效果所在位置:Ch09\为桥影片添加背景音乐\为桥影片添加背景音乐.aep。

图9-27

课后习题——为影片添加声音特效

习题知识要点:使用"导入"命令,导入声音和视频文件;使用"音频电平"选项,制作背景音乐效果。为影片添加声音特效的画面效果如图9-28所示。

效果所在位置:Ch09\为影片添加声音特效\为影片添加声音特效.aep。

图9-28

第 10 章

制作三维合成特效

本章简介

After Effects 不仅可以在二维空间创建合成效果，随着新版本的推出，在三维立体空间中的合成与动画功能也越来越强大。新版本在具有深度的三维空间中可以丰富图层的运动样式，创建更逼真的灯光、投射阴影、材质效果和摄像机运动效果。通过对本章的学习，读者可以掌握制作三维合成特效的方法和技巧。

课堂学习目标

◆ 掌握三维合成的相关知识
◆ 熟练应用灯光和摄像机

技能目标

◆ 掌握"特卖广告"的制作方法
◆ 掌握"星光碎片"的制作方法

10.1　三维合成

After Effects CC 2019可以在三维图层中显示图层，将图层指定为三维时，After Effects会添加一个z轴控制该图层的深度。当增大z轴值时，该图层在空间中会移动到更远处；当减小z轴值时，该图层在空间中会移动到更近处。

10.1.1　课堂案例——特卖广告

案例学习目标：学习使用三维合成制作三维空间效果。

案例知识要点：使用"导入"命令，导入图片；使用"3D"属性，制作三维效果；使用"位置"选项，制作人物出场动画；使用"Y轴旋转"属性和"缩放"属性，制作标牌出场动画。特卖广告效果如图10-1所示。

效果所在位置：Ch10\10.1.1-特卖广告\特卖广告.aep。

图10-1

（1）按Ctrl+N组合键，弹出"合成设置"对话框，在"合成名称"文本框中输入"最终效果"，设置"背景颜色"为淡黄色（其R、G、B的值分别为255、237、46），其他选项的设置如图10-2所示，单击"确定"按钮，创建一个新的合成"最终效果"。

（2）选择"文件 > 导入 > 文件"命令，弹出"导入文件"对话框，选择学习资源中的"Ch10 \10.1.1-特卖广告\ (Footage) \01.png和02.png"文件，单击"导入"按钮，将文件导入"项目"面板，如图10-3所示。

图10-2

图10-3

（3）在"项目"面板中，选中"01.png"文件，并将其拖曳到"时间轴"面板中，如图10-4所示。按P键，展开"位置"属性，设置"位置"选项的数值为-289、458.5，如图10-5所示。

图10-4

图10-5

（4）保持时间标签在第0秒的位置，单击"位置"选项左侧的"关键帧自动记录器"按钮◎，如图10-6所示，记录第1个关键帧。将时间标签放置在第1秒的位置，设置"位置"选项的数值为285、458.5，如图10-7所示，记录第2个关键帧。

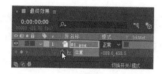

图10-6

图10-7

（5）在"项目"面板中，选中"02.png"文件，并将其拖曳到"时间轴"面板中，按P键，展开"位置"属性，设置"位置"选项的数值为957、363，如图10-8所示。"合成"面板中的效果如图10-9所示。

图10-8

图10-9

（6）单击"02.png"层右侧的"3D图层"按钮◎，打开三维属性，如图10-10所示。单击"Y轴旋转"选项左侧的"关键帧自动记录器"

按钮◎，如图10-11所示，记录第1个关键帧。将时间标签放置在第2秒的位置，设置"Y轴旋转"选项的数值为2、0，如图10-12所示，记录第2个关键帧。

图10-10

图10-11   图10-12

（7）将时间标签放置在第0秒的位置，选中"02.png"层，按S键，展开"缩放"属性，设置"缩放"选项的数值为0、0、0%，单击"缩放"选项左侧的"关键帧自动记录器"按钮◎，如图10-13所示，记录第1个关键帧。将时间标签放置在第1秒的位置，设置"缩放"选项的数值为100、100、100%，如图10-14所示，记录第2个关键帧。

图10-13

图10-14

（8）将时间标签放置在第2秒的位置，在"时间轴"面板中，单击"缩放"选项左侧的"在当前时间添加或移除关键帧"按钮◎，如图10-15所示，记录第3个关键帧。将时间标签放置在第4秒24帧的位置，设置"缩放"选项的数值为110、110、110%，如图10-16所示，记录第4个关键帧。

图10-15

图10-16

（9）特卖广告制作完成，效果如图10-17所示。

图10-17

10.1.2 转换成三维层

除了声音以外，所有图层都可以实现三维层的功能。将一个普通的二维层转换成三维层也非常简单，只需要在图层属性开关面板打开"3D图层"按钮🔲即可。展开图层属性就会发现，变换属性中无论是"锚点"属性、"位置"属性、"缩放"属性、"方向"属性还是"旋转"属性，都出现了z轴向参数信息，另外还添加了另一个"材质选项"属性，如图10-18所示。

设置"Y轴旋转"选项的数值为45°，"合成"面板中的效果如图10-19所示。

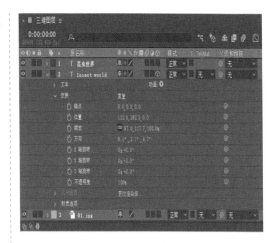

图10-18

图10-19

如果要将三维层重新变回二维层，只需要在图层属性开关面板再次单击"3D图层"按钮🔲，关闭三维属性即可，三维层当中的z轴信息和"材质选项"信息将丢失。

> 🔍 提示
>
> 虽然很多特效可以模拟三维空间效果（如"效果 > 扭曲 > 凸出"滤镜），不过这些都是实实在在的二维特效，也就是说，即使这些特效当前作用的是三维层，但是它们仍然只是模拟三维效果而不会对三维层轴产生任何影响。

10.1.3　变换三维层的位置属性

对于三维层来说，"位置"属性由x、y、z3个维度的参数控制，如图10-20所示。

图10-20

（1）打开After Effects软件，选择"文件 >
打开项目"命令，选择学习资源中的"基础素
材\Ch10\三维图层.aep"文件，单击"打开"按
钮打开此文件。

（2）在"时间轴"面板中，选择某个三
维层，或者摄像机层，或者灯光层，被选择层
的坐标轴将会显示出来，其中红色坐标代表x轴
向，绿色坐标代表y轴向，蓝色坐标代表z轴向。

（3）在"工具"面板中，选择选取工具，
在"合成"预览面板中，将鼠标指针停留在各个
轴向上，观察鼠标指针的变化，当鼠标指针变成
状时，代表移动锁定在x轴向上；当鼠标指针变
成状时，代表移动锁定在y轴向上；当鼠标指针
变成状时，代表移动锁定在z轴向上。

> 🔎提示
>
> 鼠标指针如果没有呈现任何坐标轴信
> 息，可以在空间中全方位地移动三维对象。

10.1.4　变换三维层的旋转属性

1. 使用"方向"属性旋转

（1）选择"文件 > 打开项目"命令，选择
学习资源中的"Ch10\基础素材\三维图层.aep"
文件，单击"打开"按钮打开此文件。

（2）在"时间轴"面板中，选择某三维
层，或者摄像机层，或者灯光层。

（3）在"工具"面板中，选择旋转工具，
在坐标系选项的右侧下拉列表中选择"方向"选
项，如图10-21所示。

图10-21

（4）在"合成"预览面板中，将鼠标指针
放置在某个坐标轴上，当鼠标指针出现X时，进
行x轴向旋转；当鼠标指针出现Y时，进行y轴向旋
转；当鼠标指针出现Z时，进行z轴向旋转；在没
有出现任何信息时，可以全方位旋转三维对象。

（5）在"时间轴"面板中，展开当前三维
层的"变换"属性，观察3组"旋转"属性值的
变化，如图10-22所示。

图10-22

2. 使用"旋转"属性旋转

（1）使用上面的素材，选择"编辑 > 撤消"命令，还原到项目文件上次的存储状态。

（2）在"工具"面板中，选择旋转工具，在坐标系选项右侧的下拉列表中选择"旋转"选项，如图10-23所示。

图10-23

（3）在"合成"预览面板中，将鼠标指针放置在某坐标轴上，当鼠标指针出现X时，进行x轴向旋转；当鼠标指针出现Y时，进行y轴向旋转；当鼠标指针出现Z时，进行z轴向旋转；在没有出现任何信息时，可以全方位旋转三维对象。

（4）在"时间轴"面板中，展开当前三维层的"变换"属性，观察3组"旋转"属性值的变化，如图10-24所示。

图10-24

10.1.5 三维视图

虽然三维空间感是任何人都具备的本能感应，但是在视频制作过程中，往往会由于各种原因（场景过于复杂等因素）导致视觉错觉，无法仅通过对透视图的观察正确判断当前三维对象的具体空间状态，因此往往需要借助更多的视图作为参照，如正面、左侧、顶部、活动摄像机等，从而获得准确的空间位置信息，如图10-25~图10-28所示。

图10-25

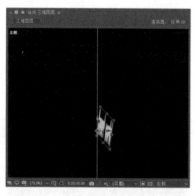

图10-26

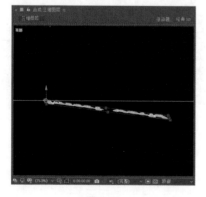

图10-27

图10-28

在"合成"预览面板中，可以通过单击 活动摄像机 ∨ （3D视图）下拉菜单，在各个视图模式中进行切换，这些模式大致可以分为3类：正交视图、摄像机视图和自定义视图。

1. 正交视图

正交视图包括正面、左侧、顶部、背面、右侧和底部，其实就是以垂直正交的方式观看空间中的6个面。在正交视图中，长度尺寸和距离以原始数据的方式呈现，从而忽略掉了透视所导致的大小变化，也就意味着在正交视图中观看立体物体时没有透视感，如图10-29所示。

图10-29

2. 摄像机视图

摄像机视图是从摄像机的角度，通过镜头去观看空间，与正交视图不同的是，这里描绘出的空间是带有透视变化的视觉空间，非常真实地再现了近大远小、近长远短的透视关系，通过镜头的特殊属性设置，还能对此进行进一步的夸张设置等，如图10-30所示。

图10-30

3. 自定义视图

自定义视图是从几个默认的角度观看当前空间，可以通过"工具"面板中的统一摄像机工具调整其角度，同摄像机视图一样，自定义视图同样是遵循透视的规律来呈现当前空间，不过自定义视图并不要求合成项目中必须有摄像机才能打开，当然也不具备通过镜头设置带来的景深、广角、长焦之类的观看空间方式，可以仅仅理解为3个可自定义的标准透视视图。

活动摄像机 （3D视图）下拉菜单中的具体选项如图10-31所示。

活动摄像机：当前激活的摄像机视图，也就是当前时间位置被打开的摄像机层的视图。

正面：正视图，从正前方观看合成空间，不带透视效果。

左侧：左视图，从正左方观看合成空间，不带透视效果。

图10-31

顶部：顶视图，从正上方观看合成空间，不带透视效果。

背面：背视图，从后方观看合成空间，不带透视效果。

右侧：右视图，从正右方观看合成空间，不带透视效果。

底部：底视图，从正底部观看合成空间，不带透视效果。

自定义视图1~3：3个自定义视图，从3个缺省的角度观看合成空间，含有透视效果，可以通过"工具"面板中的统一摄像机工具移动视角。

10.1.6 多视图方式观测三维空间

在进行三维创作时，虽然可以通过3D视图下拉菜单方便地切换各个不同视角，但是仍然不利于各个视角的参照对比，而且来回频繁地切换视图也影响创作效率。不过庆幸的是，After Effects提供了多种视图方式，可以同时多角度观看三维空间，这些视图方式可以在"合成"预览面板的"选定视图方案"下拉菜单中进行选择。

1视图：仅显示一个视图，如图10-32所示。

2视图-水平：同时显示两个视图，左右排列，如图10-33所示。

图10-32

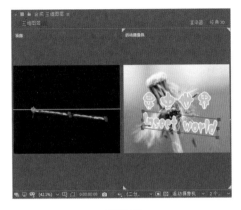

图10-33

2视图-纵向：同时显示两个视图，上下排列，如图10-34所示。

4视图：同时显示4个视图，如图10-35所示。

图10-36

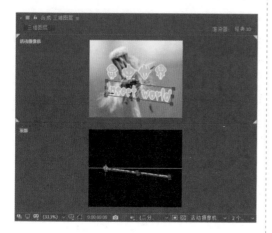

图10-34

图10-37

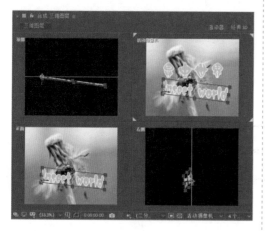

图10-35

图10-38

4视图-左侧：同时显示4个视图，其中主视图在右边，如图10-36所示。

4视图-右侧：同时显示4个视图，其中主视图在左边，如图10-37所示。

4视图-顶部：同时显示4个视图，其中主视图在下边，如图10-38所示。

4视图-底部：同时显示4个视图，其中主视图在上边，如图10-39所示。

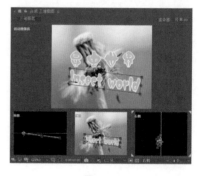

图10-39

其中每个分视图都可以在被激活后，用3D视图菜单更换具体观测角度，或者进行视图显示设置等。

另外，通过选中"共享视图"选项，可以让多视图共享同样的视图设置，如"安全框显示"选项、"网格显示"选项、"通道显示"选项等。

> 🔍 **提示**
>
> 通过上下滚动鼠标中键的滚轴，可以在不激活视图的情况下，对鼠标指针位置下的视图进行缩放操作。

10.1.7 坐标系

在控制三维对象的时候，都会依据某种坐标系进行轴向定位，After Effects中提供了3种轴向坐标：当前坐标系、世界坐标系和视图坐标系。坐标系的切换是通过"工具"面板里的 🧍、🤾 和 🗽 实现的。

1. 本地坐标系🧍

此坐标系采用被选择物体本身的坐标轴向作为变换的依据，这对物体的方位与世界坐标不同时很有帮助，如图10-40所示。

图10-40

2. 世界坐标系🤾

世界坐标系是使用合成空间中的绝对坐标系

作为定位，坐标系轴向不会随着物体的旋转而改变，属于一种绝对值。无论在哪一个视图，x轴向始终是往水平方向延伸，y轴向始终是往垂直方向延伸，z轴向始终是往纵深方向延伸，如图10-41所示。

图10-41

3. 视图坐标系🗽

视图坐标系同当前所处的视图有关，也可以称之为屏幕坐标系。对于正交视图和自定义视图，x轴向和y轴向始终平行于视图，其纵深轴z轴向始终垂直于视图；对于摄像机视图，x轴向和y轴向始终平行于视图，但z轴向则有一定的变动，如图10-42所示。

图10-42

10.1.8 三维层的材质属性

当普通的二维层转换为三维层时，还添加了一个全新的"材质选项"属性，可以通过此属性的各项设置，决定三维层如何响应灯光光照系统，如图10-43所示。

图10-43

选中某个三维素材层，连续两次按A键，可以展开"材质选项"属性。

投影：是否投射阴影选项。其中包括"开""关""仅"3种模式，如图10-44、图10-45和图10-46所示。

图10-44

图10-45

图10-46

透光率：透光程度，可以体现半透明物体在灯光下的照射效果，主要效果体现在阴影上，如图10-47和图10-48所示。

透光率为0%

图10-47

透光率为70%

图10-48

接受阴影：是否接受阴影，此属性不能制作关键帧动画。

接受灯光：是否接受光照，此属性不能制作关键帧动画。

环境：调整三维层受"环境"类型灯光影响的程度。"环境"类型灯光的设置如图10-49所示。

漫射：调整层漫反射的程度。如果设置为100%，将反射大量的光；如果设置为0%，则不反射大量的光。

镜面强度：调整层镜面反射的程度。

镜面反光度：设置"镜面强度"的区域，值越小，"镜面强度"区域就越小。在"镜面强度"值为0的情况下，此设置将不起作用。

金属质感：调节由"镜面强度"反射的光的颜色。值越接近100%，就会越接近图层的颜色；值越接近0%，就越接近灯光的颜色。

图10-49

180

10.2　应用灯光和摄像机

After Effects中的三维层具有了材质属性，但要得到满意的合成效果，还必须在场景中创建和设置灯光。无论是图层的投影，还是环境和反射等特性，都是在一定的灯光作用下才发挥作用的。

在三维空间的合成中，除了灯光和图层材质赋予的多种多样的效果以外，摄像机的功能也是相当重要的，因为不同的视角所得到的光影效果也是不同的，而且摄像机在动画的控制方面也增强了灵活性和多样性，丰富了图像合成的视觉效果。

10.2.1　课堂案例——星光碎片

案例学习目标：学习摄像机的添加及调整方法。

案例知识要点：使用"渐变"命令，制作背景渐变和彩色渐变效果；使用"分形噪波"命令，制作发光特效；使用"闪光灯"命令，制作闪光灯效果；使用矩形工具■，绘制矩形蒙版图形；使用"碎片"命令，制作碎片效果；使用"摄像机"命令，添加摄像机层并制作关键帧动画；使用"位置"属性，改变摄像机层的位置动画；使用"启用时间重置"命令改变时间。星光碎片效果如图10-50所示。

效果图所在位置：Ch10\10.2.1-星光碎片\星光碎片.aep。

图10-50

1.　制作渐变和彩色发光效果

（1）按Ctrl+N组合键，弹出"合成设置"对话框，在"合成名称"文本框中输入"渐变"，其他选项的设置如图10-51所示，单击"确定"按钮，创建一个新的合成"渐变"。

（2）选择"图层 > 新建 > 纯色"命令，弹出"纯色设置"对话框，在"名称"文本框中输入"渐变"，将"颜色"设置为黑色，单击"确定"按钮，在"时间轴"面板中新增一个黑色纯色层，如图10-52所示。

图10-51

图10-52

（3）选中"渐变"层，选择"效果 > 生成 > 梯度渐变"命令，在"效果控件"面板中，设置"起始颜色"为黑色，"结束颜色"为白色，其他参数设置如图10-53所示。设置完成后，"合成"面板中的效果如图10-54所示。

图10-53

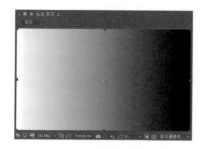

图10-54

（4）再次创建一个新的合成并命名为"星光"。在当前合成中新建一个纯色层"噪波"。选中"噪波"层，选择"效果>杂色和颗粒>分形杂色"命令，在"效果控件"面板中进行参数设置，如图10-55所示。"合成"面板中的效果如图10-56所示。

图10-55

图10-56

（5）将时间标签放置在第0秒的位置，在"效果控件"面板中，分别单击"变换"下的"偏移（湍流）"选项和"演化"选项左侧的"关键帧自动记录器"按钮，如图10-57所示，记录第1个关键帧。

（6）将时间标签放置在第4秒24帧的位置，

在"效果控件"面板中，设置"偏移（湍流）"选项的数值为-5689、300，"演化"选项的数值为1、0，如图10-58所示，记录第2个关键帧。

图10-57　　　　　　　　图10-58

（7）选择"效果>风格化>闪光灯"命令，在"效果控件"面板中进行参数设置，如图10-59所示。"合成"面板中的效果如图10-60所示。

图10-59

图10-60

（8）在"项目"面板中，选中"渐变"合成并将其拖曳到"时间轴"面板中。将"噪波"层的"轨道蒙版"选项设置为"亮度遮罩'渐变'"，如图10-61所示。隐藏"渐变"层，"合成"面板中的效果如图10-62所示。

图10-61

图10-62

2. 制作彩色发光效果

（1）在当前合成中建立一个新的纯色层"彩色光芒"。选择"效果 > 生成 > 梯度渐变"命令，在"效果控件"面板中，设置"起始颜色"为黑色，"结束颜色"为白色，其他参数设置如图10-63所示。设置完成后，"合成"面板中的效果如图10-64所示。

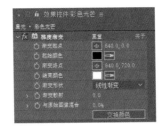

图10-63

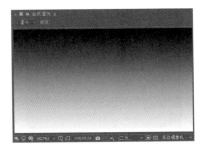

图10-64

（2）选择"效果 > 颜色校正 > 色光"命令，在"效果控件"面板中进行参数设置，如图10-65所示。"合成"面板中的效果如图10-66所示。

图10-65

图10-66

（3）在"时间轴"面板中，设置"彩色光芒"层的混合模式为"颜色"，如图10-67所示。"合成"面板中的效果如图10-68所示。

图10-67

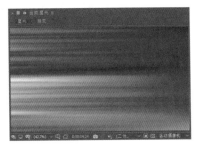

图10-68

（4）在当前合成中建立一个新的纯色层"蒙版"，如图10-69所示。选择矩形工具█，在"合成"面板中拖曳鼠标绘制一个矩形蒙版图形，如图10-70所示。

图10-69

图10-70

（5）选中"蒙版"层，按F键，展开"蒙版羽化"属性，如图10-71所示，设置"蒙版羽化"选项的数值为200、200，如图10-72所示。

图10-71

图10-72

（6）选中"彩色光芒"层，将"彩色光芒"层的"轨道蒙版"设置为"Alpha遮罩'蒙版'"，如图10-73所示。自动隐藏"蒙版"层，"合成"面板中的效果如图10-74所示。

图10-73

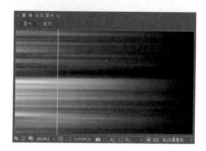

图10-74

（7）按Ctrl+N组合键，弹出"合成设置"对话框，在"合成名称"文本框中输入"碎片"，其他选项的设置如图10-75所示，单击"确定"按钮，创建一个新的合成"碎片"。

（8）选择"文件 > 导入 > 文件"命令，在弹出的"导入文件"对话框中，选择学习资源中的"Ch10\10.2.1-星光碎片\ (Footage)\ 01.jpg"文件，单击"导入"按钮，导入图片。在"项目"面板中，选中"渐变"合成和"01.jpg"文件，将它们拖曳到"时间轴"面板中，同时单击"渐变"层左侧的"眼睛"按钮◉，关闭该图层的可视性，如图10-76所示。

图10-75

图10-76

（9）选择"图层 > 新建 > 摄像机"命令，弹出"摄像机设置"对话框，在"名称"文本框中输入"摄像机1"，其他选项的设置如图10-77所示，单击"确定"按钮，在"时间轴"面板中新增一个摄像机层，如图10-78所示。

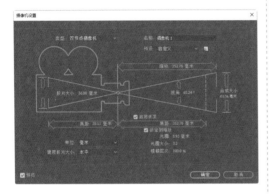

图10-77

图10-78

（10）选中"01.jpg"层，选择"效果 > 模拟 > 碎片"命令，在"效果控件"面板中，将"视图"改为"已渲染"模式，展开"形状"属性，在"效果控件"面板中进行参数设置，如图10-79所示。展开"作用力1"和"作

图10-79

用力2"属性，在"效果控件"面板中进行参数设置，如图10-80所示。展开"渐变"和"物理学"属性，在"效果控件"面板中进行参数设置，如图10-81所示。

图10-80   图10-81

（11）将时间标签放置在第2秒的位置，在"效果控件"面板中，单击"渐变"选项下的"碎片阈值"选项左侧的"关键帧自动记录器"按钮 ⏱，如图10-82所示，记录第1个关键帧。将时间标签放置在第3秒18帧的位置，在"效果控件"面板中，设置"碎片阈值"选项的数值为100%，如图10-83所示，记录第2个关键帧。

图10-82   图10-83

（12）在当前合成中建立一个新的红色纯色层"参考层"，如图10-84所示。单击"参考层"右侧的"3D图层"按钮 🔲，打开三维属性，单击"参考层"左侧的"眼睛"按钮 👁，关闭该层的可视性。设置"摄像机1"的"父级"关系为"1.参考层"，如图10-85所示。

图10-84   图10-85

（13）选中"参考层"层，按R键，展开"旋转"属性，设置"方向"选项的数值为90、0、0，如图10-86所示。将时间标签放置在第1秒6帧的位置，单击"Y轴旋转"选项左侧的"关键帧自动记录器"按钮，如图10-87所示，记录第1个关键帧。

图10-86　　　　　　　　图10-87

（14）将时间标签放置在第4秒24帧的位置，设置"Y轴旋转"选项的数值为0、120，如图10-88所示，记录第2个关键帧。将时间标签放置在第0秒的位置，选中"摄像机1"层，展开"变换"属性，设置"目标点"选项的数值为360、288、0，"位置"选项的数值为320、-900、-50，单击"位置"选项左侧的"关键帧自动记录器"按钮，如图10-89所示，记录第1个关键帧。

（15）将时间标签放置在第1秒10帧的位置，设置"位置"选项的数值为320、-700、-250，如图10-90所示，记录第2个关键帧。将时间标签放置在第4秒24帧的位置，设置"位置"选项的数值为320、-560、-1000，如图10-91所示，记录第3个关键帧。

图10-88　　　　　　　　图10-89

图10-90　　　　　　　　图10-91

（16）在"项目"面板中，选中"星光"合成，将其拖曳到"时间轴"面板中，并放置在"摄像机1"层的下方，如图10-92所示。单击该层右侧的"3D图层"按钮，打开三维属性，设置该图层的混合模式为"相加"，如图10-93所示。

图10-92　　　　　　　　图10-93

（17）将时间标签放置在第1秒22帧的位置，选中"星光"层，按A键，展开"锚点"属性，设置"锚点"选项的数值为0、360、0；按住Shift键的同时，按P键，展开"位置"属性，设置"位置"选项的数值为1000、360、0；按住Shift键的同时，按R键，展开"旋转"属性，设置"方向"选项的数值为0、90、0，单击"位置"选项左侧的"关键帧自动记录器"按钮，如图10-94所示，记录第1个关键帧。将时间标签放置在第3秒24帧的位置，设置"位置"选项的数值为288、360、0，如图10-95所示，记录第2个关键帧。

图10-94　　　　　　　　图10-95

（18）将时间标签放置在第1秒11帧的位置，按T键，展开"不透明度"属性，设置"不透明度"选项的数值为0%，单击"不透明度"选项左侧的"关键帧自动记录器"按钮，如图10-96所示，记录第1个关键帧。将时间标签放置在第1秒22帧的位置，设置"不透明度"选项的数值为100%，如图10-97所示，记录第2个关键帧。

图10-96　　　　　　图10-97

（19）将时间标签放置在第3秒24帧的位置，在"时间轴"面板中，单击"不透明度"选项左侧的"在当前时间添加或移除关键帧"按钮，如图10-98所示，记录第3个关键帧。将时间标签放置在第4秒11帧的位置，设置"不透明度"选项的数值为0%，如图10-99所示，记录第4个关键帧。

图10-98　　　　　　图10-99

（20）选择"图层 > 新建 > 纯色"命令，弹出"纯色设置"对话框，在"名称"文本框中输入"底板"，将"颜色"设置为灰色（其R、G、B的值均为175），单击"确定"按钮，在当前合成中建立一个新的灰色纯色层，将其拖曳到底层，如图10-100所示。单击"底板"层右侧的"3D图层"按钮，打开三维属性，如图10-101所示。

图10-100　　　　　　图10-101

（21）将时间标签放置在第3秒24帧的位置，按P键，展开"位置"属性，设置"位置"选项的数值为640、360、0；按住Shift键的同时，按T键，展开"不透明度"属性，设置"不透明度"选项的数值为50%；分别单击"位置"选项和"不透明度"选项左侧的"关键帧自动记录

器"按钮，如图10-102所示，记录第1个关键帧。

图10-102

（22）将时间标签放置在第4秒24帧的位置，设置"位置"选项的数值为－270、360、0，"不透明度"选项的数值为0%，如图10-103所示，记录第2个关键帧。

图10-103

（23）按Ctrl+N组合键，弹出"合成设置"对话框，在"合成名称"文本框中输入"最终效果"，其他选项的设置如图10-104所示，单击"确定"按钮，创建一个新的合成"最终效果"。在"项目"面板中选中"碎片"合成，将其拖曳到"时间轴"面板中，如图10-105所示。

图10-104

图10-105

（24）选中"碎片"层，选择"图层 > 时间 >

启用时间重映射"命令,将时间标签放置在第0秒的位置,在"时间轴"面板中,设置"时间重映射"选项的数值为0∶00∶04∶24,如图10-106所示,记录第1个关键帧。将时间标签放置在第4秒24帧的位置,在"时间轴"面板中,设置"时间重映射"选项的数值为0∶00∶00∶00,如图10-107所示,记录第2个关键帧。

图10-106

图10-107

（25）选择"效果 > Trapcode > Starglow"命令,在"效果控件"面板中进行参数设置,如图10-108所示。将时间标签放置在第0秒的位置,单击"阈值"选项左侧的"关键帧自动记录器"按钮⊙,如图10-109所示,记录第1个关键帧。

图10-108

图10-109

（26）将时间标签放置在第4秒24帧的位置,在"效果控件"面板中,设置"阈值"选项的数值为480,如图10-110所示,记录第2个关键帧。星光碎片制作完成,效果如图10-111所示。

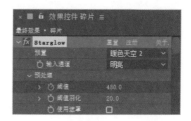

图10-110

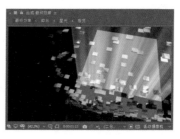

图10-111

10.2.2 创建和设置摄像机

创建摄像机的方法很简单,选择"图层 > 新建 > 摄像机"命令,或按Ctrl+Shift+Alt+C组合键,在弹出的对话框中进行设置,如图10-112所示,单击"确定"按钮完成设置。

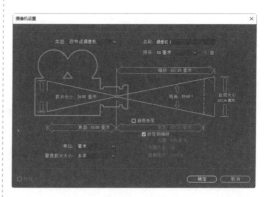

图10-112

名称:用于设定摄像机的名称。

预设:摄像机预设,此下拉菜单中包含9种

常用的摄像机镜头，有标准的"35毫米"镜头、"15毫米"广角镜头、"200毫米"长焦镜头及自定义镜头等。

单位：确定在"摄像机设置"对话框中使用的参数单位，包括像素、英寸和毫米3个选项。

量度胶片大小：可以改变"胶片尺寸"的基准方向，包括水平、垂直和对角3个选项。

缩放：设置摄像机到图像的距离。"缩放"值越大，通过摄像机显示的图层就会越大，视野也就相应地减小。

视角：用于设置视角。角度越大，视野越宽，相当于广角镜头；角度越小，视野越窄，相当于长焦镜头。

焦距：焦距设置，指的是胶片和镜头之间的距离。焦距短，就是广角效果；焦距长，就是长焦效果。

启用景深：控制是否打开景深功能。常配合"焦距""光圈""光圈大小""模糊层次"参数使用。

焦距：焦点距离，确定从摄像机开始，到图像最清晰位置的距离。

光圈：设置光圈大小。不过在After Effects中，光圈大小与曝光没有关系，仅影响景深的大小。该值越大，前后的图像清晰的范围就会越小。

光圈大小：用于调节快门速度，此参数与"光圈"是互相影响的，同样影响景深的模糊程度。

模糊层次：控制景深的模糊程度，值越大越模糊，为0%则不进行模糊处理。

10.2.3　利用工具移动摄像机

"工具"面板中有4个移动摄像机的工具，在当前摄像机移动工具上按住鼠标左键不放，弹出其他摄像机移动工具的选项，或按C键可以实现这4个工具之间的切换，如图10-113所示。

图10-113

统一摄像机工具：该工具具有以下3种摄像机工具的功能，使用3键鼠标的不同按键可以灵活变换操作，鼠标左键为旋转，中键为平移，右键为推拉。

轨道摄像机工具：以目标为中心点，旋转摄像机的工具。

跟踪XY摄像机工具：在垂直方向或水平方向，平移摄像机的工具。

跟踪Z摄像机工具：摄像机镜头拉近、推远的工具，也就是让摄像机在z轴向上平移的工具。

10.2.4　摄像机和灯光的入点与出点

在"时间轴"默认状态下，新建立的摄像机和灯光的入点与出点就是合成项目的入点与出点，即作用于整个合成项目。为了设置多个摄像机或者多个灯光在不同时间段起作用，可以修改摄像机或者灯光的入点和出点，改变其持续时间，就像对待其他普通素材层一样，这样就可以方便地实现多个摄像机或者多个灯光在时间上的切换，如图10-114所示。

图10-114

练习知识要点：使用"导入"命令，导入图片；使用"3D"属性，制作三维效果；使用"Y轴旋转"属性和"缩放"属性，制作文字动画。旋转文字效果如图10-115所示。

效果所在位置：Ch10\旋转文字\旋转文字.aep。

图10-115

课后习题——冲击波

习题知识要点：使用椭圆工具，绘制椭圆形；使用"毛边"命令，制作粗糙的图形并添加关键帧；使用"Shine"命令，制作图形发光效果；使用"3D"属性，调整图形空间效果；使用"缩放"选项与"不透明度"选项，编辑图形的大小与不透明度。冲击波效果如图10-116所示。

效果所在位置：Ch10\冲击波\冲击波.aep。

图10-116

第 11 章

渲染与输出

本章简介

　　影片制作完成后，就需要进行渲染并输出，渲染输出的好坏直接影响着影片的质量。若渲染输出得成功，影片在不同的媒介设备上都能得到很好的播出效果。本章主要讲解After Effects中的渲染与输出功能。通过对本章的学习，读者可以掌握渲染与输出的方法和技巧。

课堂学习目标

◆ 掌握渲染的设置方法

◆ 熟悉输出的方法和形式

渲染在整个影视制作过程中是最后一步，也是相当关键的一步。即使前面制作得再精妙，如果渲染不成功，也会直接导致操作的失败，渲染方式影响着影片最终呈现出的效果。

After Effects可以将合成项目渲染输出成视频文件、音频文件或者序列图片等。输出的方式包括两种：一种是选择"文件 > 导出"命令直接输出单个的合成项目；另一种是选择"合成 > 添加到渲染队列"命令，将一个或多个合成项目添加到"渲染队列"中，逐一批量输出，如图11-1所示。

图11-1

其中，通过"文件 > 导出 > 添加到渲染队列"命令输出时，可选的格式和解码较少；通过"渲染队列"进行输出，可以进行非常高级的专业控制，并支持多种格式和解码。因此，这里主要探讨如何使用"渲染队列"面板进行输出。

11.1.1　"渲染队列"面板

在"渲染队列"面板中可以控制整个渲染进程，调理各个合成项目的渲染顺序，设置每个合成项目的渲染质量、输出格式和路径等。在新添加项目到"渲染队列"时，"渲染队列"将自动打开，如果不小心关闭了，也可以通过"窗口 > 渲染队列"命令，或按Ctrl+Shift+0组合键，再次打开此面板。

单击"当前渲染"左侧的小箭头按钮，显示的信息如图11-2所示，主要包括当前正在渲染的合成项目的进度、正在执行的操作、当前输出的路径、文件大小、预测的最终文件、剩余的硬盘空间等。

图11-2

渲染队列区如图11-3所示。

图11-3

需要渲染的合成项目都将逐一排列在渲染队列里，在此可以设置项目的"渲染设置"、"输出模块"（输出模式、格式和解码等）、"输出到"（文件名和路径）等。

渲染：控制是否进行渲染操作，只有勾选上的合成项目会被渲染。

：标签颜色选择，用于区分不同类型的合成项目，方便用户识别。

#：队列序号，决定渲染的顺序，可以在合成项目上按住鼠标左键上下拖曳合成项目到目标位置，改变先后顺序。

合成名称：合成项目的名称。

状态：当前状态。

已启动：渲染开始的时间。

渲染时间：渲染所花费的时间。

单击左侧的小箭头按钮 展开具体设置信息，如图11-4所示。单击 按钮可以选择已有的设置预置，通过单击当前设置标题，可以打开具体的设置对话框。

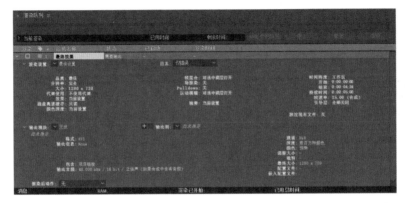

图11-4

11.1.2　渲染设置选项

渲染设置的方法为：单击 按钮右侧的"最佳设置"标题文字，弹出"渲染设置"对话框，如图11-5所示。

图11-5

（1）"合成组"项目质量设置区如图11-6所示。

图11-6

品质：用于层质量设置，其中包括4个选项。"当前设置"表示采用各层当前设置，即根据"时间轴"面板中各层属性开关面板上的图层设置而定；"最佳"表示全部采用最好的质量（忽略各层的质量设置）；"草图"表示全部采用粗略质量（忽略各层的质量设置）；"线框"表示全部采用线框模式（忽略各层的质量设置）。

分辨率：像素采样质量，其中包括完整、二分之一、三分之一和四分之一。另外，用户还可以通过选择"自定义"质量命令，在弹出的"自定义分辨率"对话框中自定义分辨率。

磁盘缓存：决定是否采用"编辑 > 首选项 > 媒体和磁盘缓存"命令中的内存缓存设置，如图11-7所示。如果选择"只读"，则表示不采用当前"首选项"里的设置，而且在渲染过程中，不会有任何新的帧被写入内存缓存中。

图11-7

代理使用：指定是否使用代理素材。包括以下选项："当前设置"表示采用当前"项目"面板中各素材当前的设置；"使用所有代理"表示全部使用代理素材进行渲染；"仅使用合成的代理"表示只对合成项目使用代理素材；"不使用代理"表示全部不使用代理素材。

效果：指定是否采用特效滤镜。包括以下选项："当前设置"表示采用当前时间轴中各个特效当前的设置；"全部开启"表示启用所有的特效滤镜，即使某些滤镜 *fx* 是暂时关闭状态；"全部关闭"表示关闭所有特效滤镜。

独奏开关：指定是否只渲染"时间轴"中"独奏"开关 开启的层。如果设置为"全部关闭"，则代表不考虑独奏开关。

引导层：指定是否只渲染参考层。

颜色深度：选择色深，如果是标准版的After Effects，则设有"每通道8位""每通道16位""每通道32位"这3个选项。

（2）"时间采样"设置区如图11-8所示。

图11-8

帧混合：指定是否采用"帧混合"模式。此类模式包括以下选项："当前设置"表示根据当前"时间轴"面板中的"帧混合开关" 的状态和各个层"帧混合模式" 的状态，来决定是否使用帧混合功能；"对选中图层打开"是忽略"帧混合开关" 的状态，对所有设置了"帧混合模式" 的图层应用帧混合功能；如果设置为"对所有图层关闭"，则表示不启用"帧混合"功能。

场渲染：指定是否采用场渲染方式。包括以下选项："关"表示渲染成不含场的视频影片；"高场优先"表示渲染成上场优先的含场的视频影片；"低场优先"表示渲染成下场优先的含场的视频影片。

3：2 Pulldown：决定3：2下拉的引导相位法。

运动模糊：指定是否采用运动模糊。包括以下选项："当前设置"是根据当前"时间轴"面板中"运动模糊开关" 的状态和各个层"运动模糊" 的状态，来决定是否使用动态模糊功能；"对选中图层打开"是忽略"运动模糊开关" ，对所有设置了"运动模糊" 的图层应用运动模糊效果；如果设置为"对所有图层关闭"，则表示不启用动态模糊功能。

时间跨度：定义当前合成项目的渲染时间范围。包括以下选项："合成长度"表示渲染整个合成项目，也就是合成项目设置了多长的持续时间，输出的影片就有多长时间；"仅工作区域"表示根据时间线中设置的工作环境范围来设定渲染的时间范围（按B键，工作范围开始；按N键，工作范围结束）；"自定义"表示自定义渲染的时间范围。

使用合成的帧速率：使用合成项目中设置的帧速率。

使用此帧速率：使用此处设置的帧速率。

（3）"选项"设置区如图11-9所示。

图11-9

跳过现有文件（允许多机渲染）：选中此选项将自动忽略已存在的序列图片，也就忽略已经渲染过的序列帧图片。此功能主要用在网络渲染时。

11.1.3　输出组件设置

渲染设置第一步"渲染设置"完成后，就开始进行"输出组件设置"，主要是设定输出的格式和解码方式等。通过单击🔽按钮右侧的"无损"标题文字，弹出"输出模块设置"对话框，如图11-10所示。

（1）基础设置区如图11-11所示。

图11-10

图11-11

格式：用于设置输出的文件格式。包括QuickTime Movie、AVI等视频格式，JPEG 序列等序列图格式，WAV等音频格式，非常丰富。

渲染后动作：指定After Effects软件是否使用刚渲染的文件作为素材或者代理素材。包括以下选项："导入"表示渲染完成后自动将刚渲染的文件作为素材置入当前项目中；"导入和替换用法"表示渲染完成后自动将刚渲染的文件置入项目中替代合成项目，包括这个合成项目被嵌入其他合成项目中的情况；"设置代理"表示渲染完成后将刚渲染的文件作为代理素材置入项目中。

（2）视频设置区如图11-12所示。

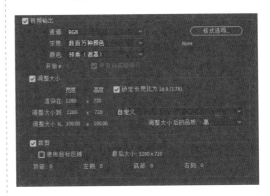

图11-12

视频输出：控制是否输出视频信息。

通道：用于选择输出的通道，包括"RGB"（3个色彩通道）、"Alpha"（仅输出Alpha通道）和"RGB+ Alpha"（三色通道和Alpha通道）。

深度：用于选择颜色深度。

颜色：指定输出的视频包含的Alpha通道为哪种模式，包括"直通（无遮罩）"和"预乘（遮罩）"两种模式。

开始#：当输出的格式选择的是序列图时，

在这里可以指定序列图的文件名序列数。为了将来识别方便，也可以选择"使用合成帧编号"选项，让输出的序列图片数字就是其帧数字。

格式选项：用于选择视频的编码方式。虽然之前确定了输出的格式，但是每种文件格式中又有多种编码方式，编码方式不同，会生成质量完全不同的影片，最后产生的文件量也会有所不同。

调整大小：控制是否对画面进行缩放处理。

调整大小到：设置缩放的具体长宽尺寸，也可以从右侧的预置列表中选择。

调整大小后的品质：用于选择缩放质量。

锁定长宽比为：控制是否强制长宽比为特殊比例。

裁剪：控制是否裁切画面。

使用目标区域：仅采用"合成"预览面板中的目标区域工具▢确定的画面区域。

顶部、左侧、底部、右侧：这4个选项分别用于设置上、左、下、右4个被裁切掉的像素尺寸。

（3）音频设置区如图11-13所示。

图11-13

音频输出：是否输出音频信息。

格式选项：音频的编码方式，也就是用什么压缩方式压缩音频信息。

音频质量设置：包括赫兹、比特、立体声或单声道设置。

11.1.4　渲染和输出的预置

虽然After Effects已经提供了众多的"渲染设置"和"输出"预置，不过可能还是不能满足更多的个性化需求。用户可以将常用的一些设置存储为自定义的预置，以后进行输出操作时，不需要一遍遍地反复设置，只需要单击█按钮，在弹

出的列表中选择即可。

打开"渲染设置模板"和"输出模块模板"对话框的命令分别是"编辑 > 模板 > 渲染设置"和"编辑 > 模板 > 输出模块"，打开的对话框如图11-14和图11-15所示。

图11-14

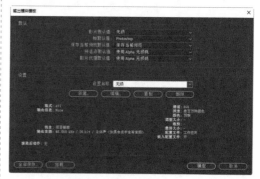

图11-15

11.1.5　编码和解码问题

完全不压缩的视频和音频数据量是非常庞大的，因此在输出时需要通过特定的压缩技术对数据进行压缩处理，以减小最终的文件量，便于传输和存储。这样就产生了输出时选择恰当的编码器播，放时使用同样的解码器进行解压还原画面的过程。

目前视频流传输中最为重要的编码标准有国际电联的H.261、H.263，运动静止图像专家组的M-JPEG和国际标准化组织运动图像专家组的MPEG系列标准。此外，互联网上广泛应用的还

有Real-Networks的RealVideo、微软公司的WMT及Apple公司的QuickTime等。

就文件的格式来讲，对于.avi（系统中的通用视频格式），现在流行的编码和解码方式有Xvid、MPEG-4、DivX、Microsoft DV等；对于.mov（苹果公司的QuickTime视频格式），比较流行的编码和解码方式有MPEG-4、H.263、Sorenson Video等。

在输出时，最好选择普遍的编码器和文件格式，或者目标客户平台共有的编码器和文件格式。否则，在其他播放环境中播放时，会因为缺少解码器或相应的播放器而无法看到视频或者听到声音。

11.2 输出

可以将设计制作好的视频效果进行多种方式的输出，如输出标准视频、输出合成项目中的某一帧、输出序列图片、输出胶片文件、输出Flash格式文件、跨卷渲染等。下面具体介绍视频的输出方法和形式。

11.2.1 标准视频的输出方法

（1）在"项目"面板中，选择需要输出的合成项目。

（2）选择"合成>添加到渲染队列"命令，或按Ctrl+M组合键，将合成项目添加到渲染队列中。

（3）在"渲染队列"面板中进行渲染属性、输出格式和输出路径的设置。

（4）单击"渲染"按钮开始渲染运算，如图11-16所示。

图11-16

（5）如果需要将此合成项目渲染成多种格式或者多种解码，可以在第3步之后，选择"图像合成>添加输出组件"命令，添加输出格式并指定另一个输出文件的路径及名称，这样可以方便地做到一次创建，任意发布。

11.2.2 输出合成项目中的某一帧

（1）在"时间线"面板中，移动当前时间指针到目标帧。

（2）选择"合成>帧另存为>文件"命令，或按Ctrl+Alt+S组合键，将渲染任务添加到渲染队列中。

（3）单击"渲染"按钮开始渲染运算。

（4）另外，如果选择"合成>帧另存为>Photoshop图层"命令，则会直接打开"文件存储"对话框，选择好路径和文件名，即可完成单帧画面的输出。

第 **12** 章

案例实训

本章简介

　　本章将结合两个综合案例，通过案例分析、案例设计、案例制作进一步详解After Effects强大的应用功能。通过学习本章的案例，读者可以快速地掌握视频特效和软件的技术要点，设计制作出专业的作品。

课堂学习目标

◆ 掌握软件的综合应用
◆ 熟悉各个特效的功能

技能目标

◆ 掌握"汽车广告"的制作方法
◆ 掌握"科技片头"的制作方法

12.1 制作汽车广告

12.1.1 项目背景及要求

1. 客户名称

阿莱顿马克。

2. 客户需求

阿莱顿马克是一家跑车生产制造公司，主要生产敞篷旅行车、赛车和限量跑车。现推出新款小火神V7系列跑车，需要一个宣传广告，设计要突出跑车性能及特点，展现出品牌品质。

3. 设计要求

（1）广告以深色调作为背景颜色，以衬托主体。

（2）设计要简洁明确，能表现宣传主题。

（3）设计风格具有特色，时尚新潮。

（4）设计形式多样，在细节的处理上要细致独特。

（5）设计规格为1280像素（宽）×720像素（高），像素纵横比为方形像素，帧频率为25帧/秒。

12.1.2 项目素材及要点

1. 设计素材

图片素材所在位置："Ch12\12.1-制作汽车广告\(Footage)\01.jpg、02.png~13.png、14.mp3"。

2. 设计作品

设计作品效果所在位置："Ch12\12.1-制作汽车广告\制作汽车广告.eap"，效果如图12-1所示。

3. 制作要点

使用"导入"命令，导入素材文件；使用"卡片擦除"命令，制作图像过渡；使用"位置"属性和"不透明度"属性，制作动画效果。

图12-1

12.1.3 案例制作及步骤

1. 制作页面1动画效果

（1）按Ctrl+N组合键，弹出"合成设置"对话框，在"合成名称"文本框中输入"页面1"，设置"背景颜色"为白色，其他选项的设置如图12-2所示，单击"确定"按钮，创建一个新的合成"页面1"。

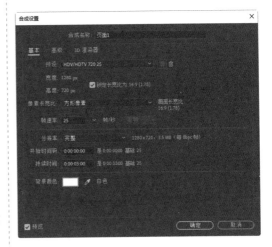

图12-2

（2）选择"文件 > 导入 > 文件"命令，弹出"导入文件"对话框，选择学习资源中的"Ch12 \12.1-制作汽车广告\ (Footage) \01.jpg、02.png~13.png、14.mp3"文件，如图12-3所示，单击"导入"按钮，将文件导入"项目"面板。

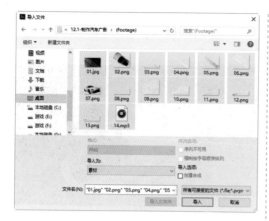

图12-3

（3）在"项目"面板中，选中"01.jpg"文件，并将其拖曳到"时间轴"面板中，如图12-4所示。选择"效果 > 过渡 > 卡片擦除"命令，在"效果控件"面板中进行参数设置，如图12-5所示。

图12-4　　　　　　图12-5

（4）将时间标签放置在第2秒13帧的位置，在"效果控件"面板中，单击"过渡完成"选项左侧的"关键帧自动记录器"按钮，如图12-6所示，记录第1个关键帧。将时间标签放置在第2秒24帧的位置，设置"过渡完成"选项的数值为100%，如图12-7所示，记录第2个关键帧。

图12-6

图12-7

（5）在"项目"面板中，选中"02.png ~ 06.png"文件，并将它们拖曳到"时间轴"面板中，层的排列如图12-8所示。选中"05.png"层，按P键，展开"位置"属性，设置"位置"选项的数值为578.2、454，如图12-9所示。

图12-8　　　　　　图12-9

（6）将时间标签放置在第13帧的位置，按T键，展开"不透明度"属性，设置"不透明度"选项的数值为0%，单击"不透明度"选项左侧的"关键帧自动记录器"按钮，如图12-10所示，记录第1个关键帧。将时间标签放置在第1秒的位置，设置"不透明度"选项的数值为100%，如图12-11所示，记录第2个关键帧。

图12-10

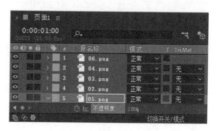

图12-11

（7）将时间标签放置在第2秒的位置，单击"不透明度"选项左侧的"在当前时间添加或移除关键帧"按钮，如图12-12所示，记录第3个关键帧。将时间标签放置在第2秒13帧的位置，设置"不透明度"选项的数值为0%，如图12-13所示，记录第4个关键帧。

图12-12

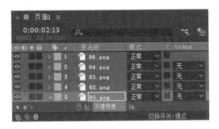

图12-13

（8）将时间标签放置在第0秒的位置，选中"02.png"层，按P键，展开"位置"属性，设置"位置"选项的数值为1492、910，单击"位置"选项左侧的"关键帧自动记录器"按钮，如图12-14所示，记录第1个关键帧。将时间标签放置在第13帧的位置，设置"位置"选项的数值为880.1、491.9，如图12-15所示，记录第2个关键帧。

图12-14

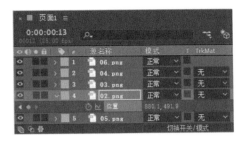

图12-15

（9）将时间标签放置在第2秒的位置，设置"位置"选项的数值为708、376，如图12-16所示，记录第3个关键帧。将时间标签放置在第2秒13帧的位置，设置"位置"选项的数值为-172、-246，如图12-17所示，记录第4个关键帧。

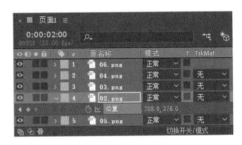

图12-16

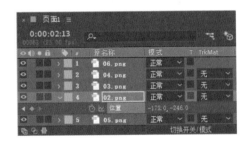

图12-17

（10）将时间标签放置在第13帧的位置，选中"03.png"层，按P键，展开"位置"属性，设置"位置"选项的数值为1360、719.3，单击"位置"选项左侧的"关键帧自动记录器"按钮，如图12-18所示，记录第1个关键帧。将时间标签放置在第1秒的位置，设置"位置"选项的数值为585.3、187.4，如图12-19所示，记录第2个关键帧。

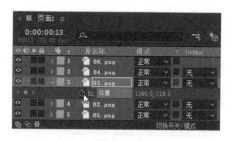

图12-18

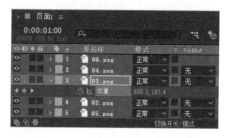

图12-19

（11）将时间标签放置在第2秒的位置，设置"位置"选项的数值为371.9、41.4，如图12-20所示，记录第3个关键帧。将时间标签放置在第2秒13帧的位置，设置"位置"选项的数值为36.5、-181.8，如图12-21所示，记录第4个关键帧。

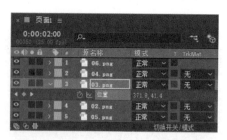

图12-20

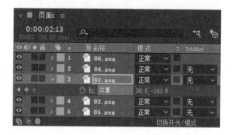

图12-21

（12）将时间标签放置在第13帧的位置，选中"04.png"层，按P键，展开"位置"属

性，设置"位置"选项的数值为429.5、483.5；按住Shift键的同时，按T键，展开"不透明度"属性，设置"不透明度"选项的数值为0%，单击"不透明度"选项左侧的"关键帧自动记录器"按钮，如图12-22所示，记录第1个关键帧。将时间标签放置在第1秒的位置，设置"不透明度"选项的数值为100%，如图12-23所示，记录第2个关键帧。

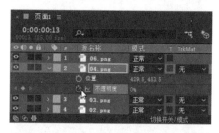

图12-22

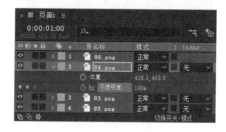

图12-23

（13）将时间标签放置在第2秒的位置，单击"不透明度"选项左侧的"在当前时间添加或移除关键帧"按钮，如图12-24所示，记录第3个关键帧。将时间标签放置在第2秒13帧的位置，设置"不透明度"选项的数值为0%，如图12-25所示，记录第4个关键帧。

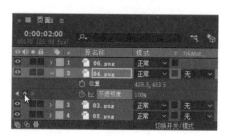

图12-24

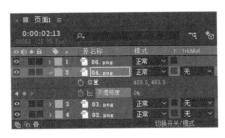

图12-25

（14）将时间标签放置在第20帧的位置，按S键，展开"缩放"属性，单击"缩放"选项左侧的"关键帧自动记录器"按钮，如图12-26所示，记录第1个关键帧。将时间标签放置在第2秒的位置，设置"缩放"选项的数值为110、110%，如图12-27所示，记录第2个关键帧。

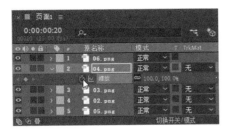

图12-26

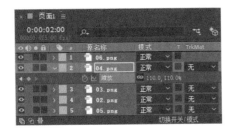

图12-27

（15）将时间标签放置在第1秒14帧的位置，选中"06.png"层，按P键，展开"位置"属性，设置"位置"选项的数值为1164.9、541.1；按住Shift键的同时，按S键，展开"缩放"属性，单击"缩放"选项左侧的"关键帧自动记录器"按钮，如图12-28所示，记录第1个关键帧。将时间标签放置在第2秒7帧的位置，设置"缩放"选项的数值为110、110%，如图12-29所示，记录第2个关键帧。

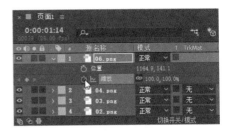

图12-28

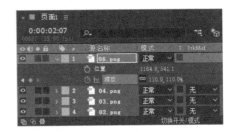

图12-29

（16）将时间标签放置在第1秒的位置，按T键，展开"不透明度"属性，设置"不透明度"选项的数值为0%，单击"不透明度"选项左侧的"关键帧自动记录器"按钮，如图12-30所示，记录第1个关键帧。将时间标签放置在第1秒14帧的位置，设置"不透明度"选项的数值为100%，如图12-31所示，记录第2个关键帧。

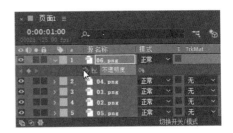

图12-30

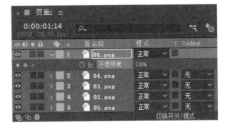

图12-31

（17）将时间标签放置在第2秒的位置，设置"不透明度"选项的数值为54%，如图12-32所示，记录第3个关键帧。将时间标签放置在第2秒13帧的位置，设置"不透明度"选项的数值为0%，如图12-33所示，记录第4个关键帧。

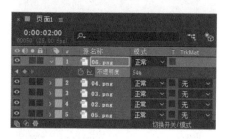

图12-32

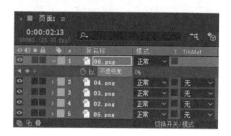

图12-33

2. 制作页面2动画效果

（1）按Ctrl+N组合键，弹出"合成设置"对话框，在"合成名称"文本框中输入"页面2"，设置"背景颜色"为白色，其他选项的设置如图12-34所示，单击"确定"按钮，创建一个新的合成"页面2"。

（2）选择"图层>新建>纯色"命令，弹出"纯色设置"对话框，在"名称"文本框中输入"底色"，将"颜色"设置为深绿色（其R、G、B的值分别为40、66、64），单击"确定"按钮，在"时间轴"面板中新增一个深绿色纯色层，如图12-35所示。

（3）在"项目"面板中，选中"07.png ~ 13.png"文件，并将它们拖曳到"时间轴"面板中，层的排列如图12-36所示。

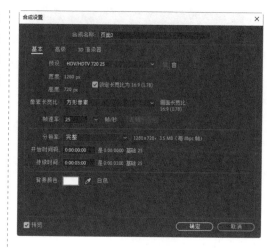

图12-34

图12-35

图12-36

（4）将时间标签放置在第4帧的位置，选中"12.png"层，按P键，展开"位置"属性，设置"位置"选项的数值为-516、555.7，单击"位置"选项左侧的"关键帧自动记录器"按钮，如图12-37所示，记录第1个关键帧。将时间标签放置在第7帧的位置，设置"位置"选项的数值为508.1、340.4，如图12-38所示，记录第2个关键帧。

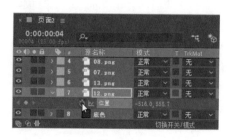

图12-37

图12-38

（5）将时间标签放置在第4帧的位置，选中"13.png"层，按P键，展开"位置"属性，设置"位置"选项的数值为1659、-10，单击"位置"选项左侧的"关键帧自动记录器"按钮 ，如图12-39所示，记录第1个关键帧。将时间标签放置在第7帧的位置，设置"位置"选项的数值为689.1、216.8，如图12-40所示，记录第2个关键帧。

图12-39

图12-40

（6）将时间标签放置在第0秒的位置，选中"07.png"层，按P键，展开"位置"属性，设置"位置"选项的数值为-364.6、216.9；按住Shift键的同时，按S键，展开"缩放"属性，设置"缩放"选项的数值为0、0%；分别单击"位置"选项和"缩放"选项左侧的"关键帧自动记录器"按钮 ，如图12-41所示，记录第1个关键帧。

（7）将时间标签放置在第5帧的位置，设置"位置"选项的数值为641.4、504.6，"缩放"选项的数值为100、100%，如图12-42所示，记录第2个关键帧。

图12-41

图12-42

（8）选中"08.png"层，按P键，展开"位置"属性，设置"位置"选项的数值为703.2、528.4，如图12-43所示。"合成"面板中的效果如图12-44所示。

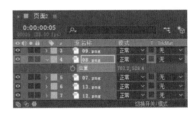

图12-43

图12-44

（9）将时间标签放置在第20帧的位置，按T键，展开"不透明度"属性，设置"不透明度"选项的数值为0%，单击"不透明度"选

项左侧的"关键帧自动记录器"按钮 ◙，如图
12-45所示，记录第1个关键帧。将时间标签放置
在第22帧的位置，设置"不透明度"选项的数
值为100%，如图12-46所示，记录第2个关键帧。

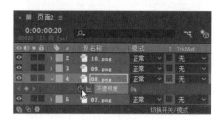

图12-45

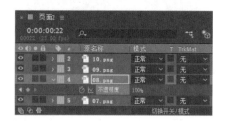

图12-46

（10）用相同的方法在其他位置添加不透
明度关键帧，如图12-47所示。

图12-47

（11）将时间标签放置在第9帧的位置，
选中"09.png"层，按P键，展开"位置"属
性，设置"位置"选项的数值为405.9、171.4；
按住Shift键的同时，按T键，展开"不透明度"
属性，设置"不透明度"选项的数值为0%，
单击"不透明度"选项左侧的"关键帧自动记
录器"按钮 ◙，如图12-48所示，记录第1个关
键帧。将时间标签放置在第12帧的位置，设置
"不透明度"选项的数值为100%，如图12-49所
示，记录第2个关键帧。

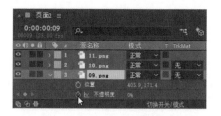

图12-48

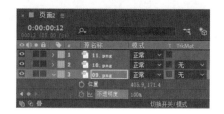

图12-49

（12）按S键，展开"缩放"属性，设置
"缩放"选项的数值为60、60%，单击"缩放"
选项左侧的"关键帧自动记录器"按钮 ◙，如图
12-50所示，记录第1个关键帧。将时间标签放置
在第20秒的位置，设置"缩放"选项的数值为
110、110%，如图12-51所示，记录第2个关键帧。

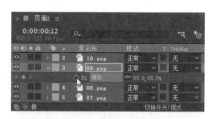

图12-50

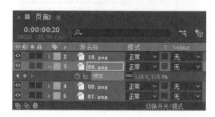

图12-51

（13）将时间标签放置在第9帧的位置，
选中"10.png"层，按P键，展开"位置"属
性，设置"位置"选项的数值为998.1、317.6；
按住Shift键的同时，按T键，展开"不透明度"

属性，设置"不透明度"选项的数值为0%，单击"不透明度"选项左侧的"关键帧自动记录器"按钮❶，如图12-52所示，记录第1个关键帧。将时间标签放置在第12帧的位置，设置"不透明度"选项的数值为100%，如图12-53所示，记录第2个关键帧。

图12-52

图12-53

（14）按S键，展开"缩放"属性，设置"缩放"选项的数值为60、60%，单击"缩放"选项左侧的"关键帧自动记录器"按钮❶，如图12-54所示，记录第1个关键帧。将时间标签放置在第20帧的位置，设置"缩放"选项的数值为110、110%，如图12-55所示，记录第2个关键帧。

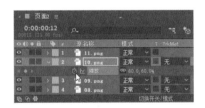

图12-54

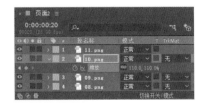

图12-55

（15）选中"11.png"层，按Ctrl+D组合键，复制图层。将时间标签放置在第7帧的位置，选中"图层2"，按P键，展开"位置"属性，设置"位置"选项的数值为1515.5、-75.9，单击"位置"选项左侧的"关键帧自动记录器"按钮❶，如图12-56所示，记录第1个关键帧。将时间标签放置在第9帧的位置，设置"位置"选项的数值为816.8、83.5，如图12-57所示，记录第2个关键帧。

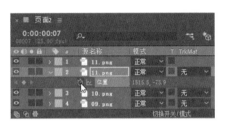

图12-56

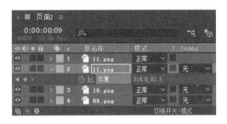

图12-57

（16）选中"图层1"，按S键，展开"缩放"属性，设置"缩放"选项的数值为49、49%；按住Shift键的同时，按R键，展开"旋转"属性，设置"旋转"选项的数值为0、-180，如图12-58所示。"合成"面板中的效果如图12-59所示。

图12-58

图12-59

（17）将时间标签放置在第7帧的位置，按P键，展开"位置"属性，设置"位置"选项的数值为-112.1、571.9，单击"位置"选项左侧的"关键帧自动记录器"按钮◎，如图12-60所示，记录第1个关键帧。将时间标签放置在第9帧的位置，设置"位置"选项的数值为88.4、524.2，如图12-61所示，记录第2个关键帧。

图12-60

图12-61

3. 制作合成动画效果

（1）按Ctrl+N组合键，弹出"合成设置"对话框，在"合成名称"文本框中输入"合成效果"，设置"背景颜色"为深绿色（其R、G、B的值分别为40、66、64），其他选项的设置如图12-62所示，单击"确定"按钮，创建一个新的合成"合成效果"。

（2）在"项目"面板中，选中"页面1""页面2"合成和"14.mp3"文件，并将它们拖曳到"时间轴"面板中，层的排列如图12-63所示。

图12-62

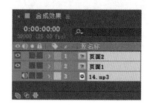

图12-63

（3）将时间标签放置在第3帧的位置，如图12-64所示。选中"页面2"层，按[键，设置动画的入点时间，如图12-65所示。汽车广告制作完成。

图12-64

图12-65

课堂练习1——制作动效标志

练习1.1　项目背景及要求

1．客户名称

MQIWJ有限公司。

2．客户需求

MQIWJ有限公司是一家刚刚成立的动漫影视公司，经营范围包括制作、发行动画片和专题片等节目。现需要制作公司标志，作为公司形象中的关键元素，标志设计要具有特色，能够体现公司性质及特点。

3．设计要求

（1）以紫色和黄色作为标志设计的主体颜色，颜色要分明，具有吸引力。

（2）标志设计能够体现出公司富有活力、充满朝气的特点，具有较高的识别性。

（3）标志以公司名称为主体进行设计，通过对文字进行处理使标志看起来美观、独特。

（4）设计要表现公司特色，整体设计搭配合理，并且富有变化。

（5）设计规格为1280像素（宽）×720像素（高），像素纵横比为方形像素，帧频率为25帧/秒。

练习1.2　项目素材及要点

1．设计素材

图片素材所在位置："Ch12\制作动效标志\(Footage)\01.png"。

2．设计作品

设计作品效果所在位置："Ch12\制作动效标志\制作动效标志.aep"，效果如图12-66所示。

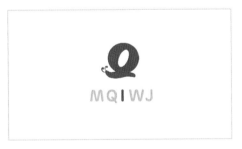

图12-66

3．制作要点

使用"导入"命令，导入素材文件；使用"缩放"属性、"位置"属性、"不透明度"属性，制作动画效果；使用"色相/饱和度"命令，制作变色效果。

练习2.1　项目背景及要求

1. 客户名称

时尚摄影工作室。

2. 客户需求

时尚摄影工作室是一家在摄影行业比较有实力的摄影工作室，工作室用艺术家的眼光捕捉独特瞬间，使照片的艺术性和个性化得到充分的体现。现需要制作女孩相册，要求突出表现女孩绰约多姿的风格魅力。

3. 设计要求

（1）相册要具有极强的表现力。

（2）使用颜色和特效烘托人物的个性。

（3）设计风格简洁大气，能够让人一目了然。

（4）设计规格为1280 像素（宽）×720 像素（高），像素纵横比为方形像素，帧频率为25帧/秒。

练习2.2　项目素材及要点

1. 设计素材

图片素材所在位置："Ch12\制作女孩相册\(Footage)\01.jpg ~ 04.jpg、05.png、06.png、07.jpg、08.jpg、09.png、10.jpg ~ 12.jpg、13.png、14.png、15.mp3"。

2. 设计作品

设计作品效果所在位置："Ch12\制作女孩相册\制作女孩相册.aep"，效果如图12-67所示。

3. 制作要点

使用"导入"命令，导入素材文件；使用"残影"效果预设，制作文字动画效果；使用"位置"属性、"不透明度"属性和"旋转"属性，制作图片动画效果；使用"入"和"出"选项，控制动画的入点和出点。

图12-67

课后习题1——制作端午节宣传片

习题1.1　项目背景及要求

1. 客户名称

时尚生活电视台。

2. 客户需求

时尚生活电视台是全方位介绍人们的衣、食、住、行等资讯的时尚生活类电视台。现端午节来临之际，要求制作端午节宣传片，要能体现出端午节的特点和丰富多彩的娱乐活动。

3. 设计要求

（1）宣传片设计要以粽子、竹子等为画面主体，体现宣传片的主题。

（2）设计形式要简洁明晰，能表现宣传主题。

（3）颜色对比强烈，能直观地展示节目的性质。

（4）设计规格为1280 像素（宽）×720 像素（高），像素纵横比为方形像素，帧频率为25帧/秒。

习题1.2　项目素材及要点

1. 设计素材

图片素材所在位置："Ch12\制作端午节宣传片\(Footage)\01.jpg、02.png ~ 04.png、05.jpg、06.png ~ 09.png、10.mp3"。

2. 设计作品

设计作品效果所在位置："Ch12\制作端午节宣传片\制作端午节宣传片.aep"，效果如图12-68所示。

3. 制作要点

使用"不透明度"属性和"解码淡入"效果预设，制作文字动画效果；使用"卡片擦除"和"高斯模糊"命令，制作图片动画效果；使用"入"和"出"选项，控制动画的入点和出点。

图12-68

习题2.1 项目背景及要求

1. 客户名称

创维有限公司。

2. 客户需求

创维有限公司是一家电商用品零售企业，贩售平整式包装的家具、配件、浴室和厨房用品等。现春节即将来临，需要制作一款新年宣传片，用于线上传播，以便与合作伙伴及公司员工联络感情和互致问候。宣传片中要具有温馨的祝福语言、浓郁的民俗色彩，以及传统的节日特色，能够充分表达本公司的祝福与问候。

3. 设计要求

（1）宣传片要运用传统民俗的风格，既传统又具有现代感。

（2）设计要使用直观醒目的文字来诠释节目内容，表现活动特色。

（3）使用具有春节特色的元素装饰画面，营造热闹的气氛。

（4）画面版式沉稳且富于变化。

（5）设计规格为1280 像素（宽）×720 像素（高），像素纵横比为方形像素，帧频率为25帧/秒。

习题2.2 项目素材及要点

1. 设计素材

图片素材所在位置："Ch12\制作新年宣传片\(Footage)\01.png ~ 13.png、14.mp3"。

2. 设计作品

设计作品效果所在位置："Ch12\制作新年宣传片\制作新年宣传片.aep"，效果如图12-69所示。

3. 制作要点

使用"导入"命令，导入素材文件；使用横排文字工具 **T** 和"效果和预设"面板，制作文字动画效果；使用"位置"属性、"不透明度"属性、"旋转"属性和"缩放"属性，制作动画效果。

图12-69

12.2 制作科技片头

12.2.1 项目背景及要求

1. 客户名称

《科学部落》。

2. 客户需求

《科学部落》是一档科技类节目，融汇科技资讯、传播科学知识，及时准确地报道科技要闻、科技新品，满足用户对不同类型资讯的需求。现要为此栏目制作片头，要求设计具有特色，能够体现节目性质及特点。

3. 设计要求

（1）设计要内容突出，重点宣传此栏目内容。

（2）画面色彩搭配适宜，充满活力。

（3）整体对比感要强烈，能迅速吸引人们注意。

（4）设计规格为1280 像素（宽）×720 像素（高），像素纵横比为方形像素，帧频率为25帧/秒。

12.2.2 项目素材及要点

1. 设计素材

图片素材所在位置："Ch12\12.2-制作科技片头\(Footage)\01.jpg、02.png~06.png、07.mp3"。

2. 设计作品

设计作品效果所在位置："Ch12\12.2-制作科技片头\制作科技片头.aep"，效果如图12-70所示。

3. 制作要点

使用"导入"命令，导入素材文件；使用"位置"属性和"效果和预设"面板，制作文字动画效果；使用"位置"属性、"不透明度"属性和"缩放"属性，制作动画效果。

图12-70

12.2.3 案例制作及步骤

1. 制作文字动画效果

（1）按Ctrl+N组合键，弹出"合成设置"对话框，在"合成名称"文本框中输入"文字动画"，设置"背景颜色"为黑色，其他选项的设置如图12-71所示，单击"确定"按钮，创建一个新的合成"文字动画"。

（2）选择"文件 > 导入 > 文件"命令，弹出"导入文件"对话框，选择学习资源中的"Ch12 \12.2-制作科技片头\ (Footage) \01.jpg、02.png~06.png、07.mp3"文件，单击"导入"按钮，将文件导入"项目"面板，如图12-72所示。在"项目"面板中，选中"05.png"和"06.png"文件，并将它们拖曳到"时间轴"面板中，层的排列如图12-73所示。

图12-71

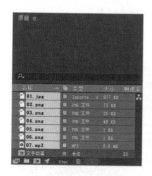

图12-72   图12-73

（3）选中"05.png"层，按P键，展开
"位置"属性，设置"位置"选项的数值为
520、-9，单击"位置"选项左侧的"关键帧自
动记录器"按钮 ，如图12-74所示，记录第1
个关键帧。将时间标签放置在第10帧的位置，
设置"位置"选项的数值为520、312，如图
12-75所示，记录第2个关键帧。

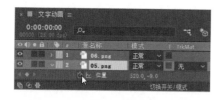

图12-74

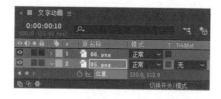

图12-75

（4）将时间标签放置在第0秒的位置，按
T键，展开"不透明度"属性，设置"不透明
度"选项的数值为0%，单击"不透明度"选
项左侧的"关键帧自动记录器"按钮 ，如图
12-76所示，记录第1个关键帧。将时间标签放置
在第5帧的位置，设置"不透明度"选项的数值
为100%，如图12-77所示，记录第2个关键帧。

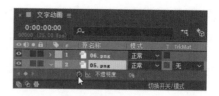

图12-76

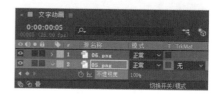

图12-77

（5）将时间标签放置在第0秒的位置，选
中"06.png"层，按P键，展开"位置"属性，
设置"位置"选项的数值为810、555，单击
"位置"选项左侧的"关键帧自动记录器"按
钮 ，如图12-78所示，记录第1个关键帧。将
时间标签放置在第10帧的位置，设置"位置"
选项的数值为810、312，如图12-79所示，记录
第2个关键帧。

图12-78

图12-79

（6）将时间标签放置在第0帧的位置，按
T键，展开"不透明度"属性，设置"不透明
度"选项的数值为0%，单击"不透明度"选
项左侧的"关键帧自动记录器"按钮 ，如图
12-80所示，记录第1个关键帧。将时间标签放置

在第5帧的位置，设置"不透明度"选项的数值为100%，如图12-81所示，记录第2个关键帧。

图12-80

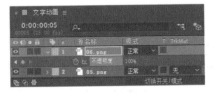

图12-81

（7）将时间标签放置在第15帧的位置，选择横排文字工具T，在"合成"面板中输

入文字"科学"。选中文字，在"字符"面板中，设置"填充颜色"为白色，其他参数设置如图12-82所示。用相同的方法再次输入文字"部落"，"合成"面板中的效果如图12-83所示。

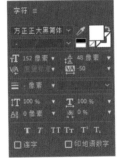

图12-82

图12-83

（8）选中"科学"层，选择"窗口>效果和预设"命令，打开"效果和预设"面板，单击"动画预设"文件夹左侧的小箭头按钮▷将其展开，双击"Text > Animate In > 伸缩进入

每行"命令，如图12-84所示，应用效果。"合成"面板中的效果如图12-85所示。

图12-84

图12-85

（9）选中"科学"层，按U键，展开所有关键帧，将时间标签放置在第1秒的位置，将第2个关键帧拖曳到时间标签所在的位置，如图12-86所示。

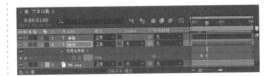

图12-86

（10）选中"部落"层，在"效果和预设"面板中，双击"Text > Animate In > 伸缩进入每行"命令，如图12-87所示，应用效果。"合成"面板中的效果如图12-88所示。

图12-87

图12-88

（11）选中"部落"层，按U键，展开所有关键帧，将时间标签放置在第1秒10帧的位置，将第2个关键帧拖曳到时间标签所在的位置，如图12-89所示。

图12-89

（12）将时间标签放置在第1秒15帧的位置，选择横排文字工具 T，在"合成"面板中输入英文"SCIENTIFIC TRIBES"。选中英文，在"字符"面板中，设置"填充颜色"为白色，其他参数设置如图12-90所示。"合成"面板中的效果如图12-91所示。

图12-90   图12-91

（13）选中英文层，在"效果和预设"面板中，双击"Text > Animate In > 下雨字符入"命令，如图12-92所示，应用效果。"合成"面板中的效果如图12-93所示。

图12-92

图12-93

（14）选中英文层，按U键，展开所有关键帧，将时间标签放置在第2秒的位置，将第2个关键帧拖曳到时间标签所在的位置，如图12-94所示。

图12-94

2. 制作最终效果

（1）按Ctrl+N组合键，弹出"合成设置"对话框，在"合成名称"文本框中输入"最终效果"，设置"背景颜色"为黑色，其他选项的设置如图12-95所示，单击"确定"按钮，创建一个新的合成"最终效果"。

（2）在"项目"面板中，选中"01.jpg、02.png~ 04.png"文件，并将它们拖曳到"时间轴"面板中，如图12-96所示。

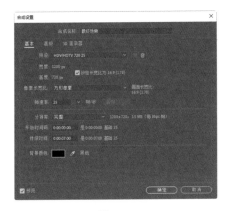

图12-95

图12-96

（3）选中"01.jpg"层，按S键，展开
"缩放"属性，单击"缩放"选项左侧的"关
键帧自动记录器"按钮🕙，如图12-97所示，
记录第1个关键帧。将时间标签放置在第6秒24
帧的位置，设置"缩放"选项的数值为120、
120%，如图12-98所示，记录第2个关键帧。

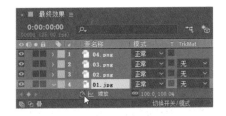

图12-97

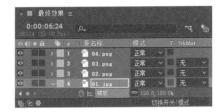

图12-98

（4）将时间标签放置在第0秒的位置，
选中"02.png"层，按P键，展开"位置"属
性，单击"位置"选项左侧的"关键帧自动记
录器"按钮🕙，如图12-99所示，记录第1个关
键帧。将时间标签放置在第10帧的位置，设置
"位置"选项的数值为640、370，如图12-100所
示，记录第2个关键帧。

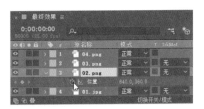

图12-99

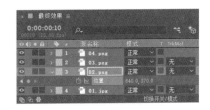

图12-100

（5）将时间标签放置在第20帧的位置，设
置"位置"选项的数值为640、360，如图12-101
所示，记录第3个关键帧。将时间标签放置在第1
秒5帧的位置，设置"位置"选项的数值为640、
350，如图12-102所示，记录第4个关键帧。

图12-101

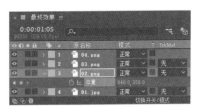

图12-102

（6）将时间标签放置在第1秒10帧的位置，按Alt+]组合键，设置动画的出点时间。选中"03.png"层，按Alt+[组合键，设置动画的入点时间。用相同的方法设置"04.png"层的入点时间，如图12-103所示。

图12-103

（7）选中"03.png"层，按T键，展开"不透明度"属性，设置"不透明度"选项的数值为46%；按住Shift键的同时，按P键，展开"位置"属性，设置"位置"选项的数值为-146、888，单击"位置"选项左侧的"关键帧自动记录器"按钮，如图12-104所示，记录第1个关键帧。将时间标签放置在第2秒的位置，设置"位置"选项的数值为148、543，如图12-105所示，记录第2个关键帧。

图12-104

图12-105

（8）按S键，展开"缩放"属性，单击"缩放"选项左侧的"关键帧自动记录器"按钮，如图12-106所示，记录第1个关键帧。将时间标签放置在第2秒10帧的位置，设置"缩放"选项的数值为110、110%，如图12-107所示，记录第2个关键帧。

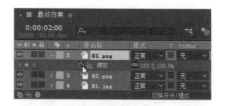

图12-106

图12-107

（9）将时间标签放置在第2秒20帧的位置，设置"缩放"选项的数值为100、100%，如图12-108所示，记录第3个关键帧。"合成"面板中的效果如图12-109所示。

图12-108

图12-109

（10）将时间标签放置在第1秒10帧的位置，选中"04.png"层，按T键，展开"不透明度"属性，设置"不透明度"选项的数值为46%；按住Shift键的同时，按P键，展开"位置"属性，设置"位置"选项的数值为1195、

180，单击"位置"选项左侧的"关键帧自动记录器"按钮🕙，如图12-110所示，记录第1个关键帧。将时间标签放置在第2秒的位置，设置"位置"选项的数值为1195、339，如图12-111所示，记录第2个关键帧。

图12-110

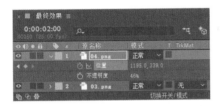

图12-111

（11）按S键，展开"缩放"属性，单击"缩放"选项左侧的"关键帧自动记录器"按钮🕙，如图12-112所示，记录第1个关键帧。将时间标签放置在第2秒10帧的位置，设置"缩放"选项的数值为110、110%，如图12-113所示，记录第2个关键帧。

图12-112

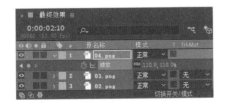

图12-113

（12）将时间标签放置在第2秒20帧的位置，设置"缩放"选项的数值为100、100%，如图12-114所示，记录第3个关键帧。"合成"面板中的效果如图12-115所示。

图12-114

图12-115

（13）在"项目"面板中，选中"文字动画"合成，并将其拖曳到"时间轴"面板中。将时间标签放置在第3秒的位置，按[键，设置动画的入点时间，如图12-116所示。

图12-116

（14）选择"图层 > 新建 > 纯色"命令，弹出"纯色设置"对话框，在"名称"文本框中输入"光晕"，将"颜色"设置为黑色，单击"确定"按钮，在"时间轴"面板中新增一个黑色纯色层，如图12-117所示。设置"光晕"层的混合模式为"相加"，如图12-118所示。

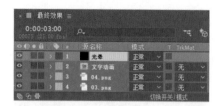

图12-117

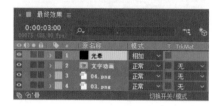

图12-118

（15）选择"效果 > 生成 > 镜头光晕"命令，在"效果控件"面板中进行参数设置，如图12-119所示。"合成"面板中的效果如图12-120所示。

图12-119

图12-120

（16）将时间标签放置在第5秒10帧的位置，在"效果控件"面板中，单击"光晕中心"左侧的"关键帧自动记录器"按钮，如图12-121所示，记录第1个关键帧。将时间标签放置在第6秒的位置，设置"光晕中心"选项的数值为1410、288，如图12-122所示，记录第2个关键帧。

图12-121

图12-122

（17）将时间标签放置在第5秒10帧的位置，选中"光晕"层，按Alt+[组合键，设置动画的入点时间，如图12-123所示。

图12-123

（18）在"项目"面板中，选中"07.mp3"文件，并将其拖曳到"时间轴"面板中，如图12-124所示。科技片头制作完成，效果如图12-125所示。

图12-124

图12-125

课堂练习1——制作美食片头

练习1.1 项目背景及要求

1. 客户名称

《美食厨房》。

2. 客户需求

《美食厨房》是一档以介绍做菜方法、食材处理和谈论做菜体会等为主要内容的栏目。本例是为《美食厨房》设计制作美食片头，要求符合主题，体现出健康、美味的特点。

3. 设计要求

（1）以食材和美食为主要内容。

（2）使用暖色的底图烘托出明亮、健康、美味的氛围。

（3）设计要表现出简单易懂、色香味俱全的感觉。

（4）设计规格为1280 像素（宽）×720 像素（高），像素纵横比为方形像素，帧频率为25帧/秒。

练习1.2 项目素材及要点

1. 设计素材

图片素材所在位置："Ch12\制作美食片头\(Footage)\01.png ~ 16.png、17.mp3"。

2. 设计作品

设计作品效果所在位置："Ch12\制作美食片头\制作美食片头.aep"，效果如图12-126所示。

3. 制作要点

使用"导入"命令，导入素材文件；使用"位置"属性、"缩放"属性、"旋转"属性，制作动画效果；使用横排文字工具 **T** 和"效果和预设"面板，制作文字动画效果。

美食厨房

图12-126

练习2.1　项目背景及要求

1. 客户名称

澄石生活网。

2. 客户需求

澄石生活网是一个生活信息整合平台，为人们提供了餐饮、购物、娱乐、健身、医院、银行等生活信息的一站式查询服务。现在需要为平台设计一款MG风动画，要体现出神秘、炫目的气氛和丰富多彩的活动项目。

3. 设计要求

（1）动画要具有极强的表现力。

（2）设计形式要简洁明晰，能表现宣传主题。

（3）设计风格具有特色，能够引起观者的共鸣和查看兴趣。

（4）设计规格为1280像素（宽）×720像素（高），像素纵横比为方形像素，帧频率为25帧/秒。

练习2.2　项目素材及要点

1. 设计素材

图片素材所在位置："Ch12\制作MG风动画\(Footage)\01.png～10.png、11.mp3"。

2. 设计作品

设计作品效果所在位置："Ch12\制作MG风动画\制作MG风动画.aep"，效果如图12-127所示。

3. 制作要点

使用"导入"命令，导入素材文件；使用"位置"属性、"缩放"属性、"不透明度"属性和"旋转"属性，制作动画效果；使用"梯度渐变"命令，制作渐变背景；使用"效果和预设"面板，制作文字动画效果。

图12-127

课后习题1——制作探索太空栏目

习题1.1 项目背景及要求

1. 客户名称

《探索太空》。

2. 客户需求

《探索太空》是一档探索太空奥秘的电视栏目，以直观的形式演绎太空的变幻莫测。现要为该档栏目设计宣传片，在设计上希望能表现出神秘感和科技感。

3. 设计要求

（1）设计风格要求直观醒目，充满现代感。

（2）图文搭配要合理，让画面显得既合理又美观。

（3）整体设计要能够彰显出科技的魅力。

（4）设计规格为1280像素（宽）×720像素（高），像素纵横比为方形像素，帧频率为25帧/秒。

习题1.2 项目素材及要点

1. 设计素材

图片素材所在位置："Ch12\制作探索太空栏目\(Footage)\01.jpg和02.aep"。

2. 设计作品

设计作品效果所在位置："Ch12\制作探索太空栏目\制作探索太空栏目.aep"，效果如图12-128所示。

3. 制作要点

使用"CC星爆"命令，制作星空效果；使用"辉光"命令、"摄像机镜头模糊"命令、"蒙版"命令，制作地球和太阳动画效果；使用"填充"命令和"斜面Alpha"命令，制作文字动画效果。

图12-128

习题2.1 项目背景及要求

1. 客户名称

尚品生活电视台。

2. 客户需求

尚品生活电视台是一家地方性电视台，提供多个频道的直播、点播、节目预告等服务，囊括栏目、电影、电视剧、纪录片、动画片、体育赛事等多档节目，且在每周末播出具有地方特色的宣传片。现在需要制作一部以城市夜生活为主题的纪录片，要体现出繁华、炫目的气氛，让观众了解到本地都市的魅力。

3. 设计要求

（1）设计画面突出宣传主题，能表现出纪录片的特色。

（2）画面色彩要对比强烈，能抓住人们的视线。

（3）设计风格统一、有连续性，能直观地表现宣传主题。

（4）设计规格为1280像素（宽）×720像素（高），像素纵横比为方形像素，帧频率为25帧/秒。

习题2.2 项目素材及要点

1. 设计素材

图片素材所在位置："Ch12\制作城市夜生活纪录片\(Footage)\01.mov、02.mp4、03.jpg和04.aep"。

2. 设计作品

设计作品效果所在位置："Ch12\制作城市夜生活纪录片\制作城市夜生活纪录片.aep"，效果如图12-129所示。

3. 制作要点

使用"分形噪波"命令、"CC透镜"命令、"圆"命令、"CC调色"命令、"快速模糊"命令、"辉光"命令、"色相/饱和度"命令，制作动态线条效果；使用"应用动画预置"命令，制作文字动画效果；使用"镜头光晕"命令，制作灯光动画效果。

图12-129